潮流 CHEERS

与最聪明的人共同进化

HERE COMES EVERYBODY

宇宙的结构

The Jazz of Physics

[特立尼达和多巴哥共和国] 斯蒂芬·亚历山大 著　　符玥 译

河南科学技术出版社
· 郑州 ·

以爵士之眼，透视物理学之奥秘

> 正是直觉告诉我，音乐是直觉的原动力。我的这项发现源自乐感。
>
> ——爱因斯坦
> （当他被问到有关相对论的问题时）

> 我最为珍视类比法，它是我最信赖的导师。它们洞悉了自然界中的一切奥秘，但在几何学等领域中被忽视了。
>
> ——开普勒

人类是独一无二的存在。在宇宙诞生 110 亿年之后，在被我们称为"地球"的这颗行星上，富含矿物质的海洋充满生机，这种条件刚好适合孕育生命——不断发展、进化的艰难求存者。在宇宙演化的最后一段时期，人类已经成长起来，一边辛勤地耕作，一边大胆地仰视天穹，以探究"我们从哪里来"的大问题。

每一文化背景下的人都曾沉思：人类是如何诞生的？宇宙又是如何形成的？我们周围的空间是什么？人类来自哪里？无疑，这些我们在孩提时代就问过的问题，在科学界依然是最难回答的。这类问题既出于我们与生俱来的对自我起源的好奇，又出于我们自身知识的局限性。几千年来，我们只能用神话来作答。而从科学革命开始，我们一直在试图抛开神话，让科学家及其所应用的唯实的方法论来回答人类与宇宙的起源问题。虽然现代宇宙学家用复杂的方程和高科技的实验来佐证自己的理论，但他们可以说是我们这个时代的"神话制造者"。虽然我们进行了精确的数学计算与实验，但现代物理学和宇宙学中还是不断出现新的问题，这迫使一些杰出的物理学家制造出某些神话，以解释人类在探索宇宙本质的过程中所发现的令人费解的现象。

科学家曾竭尽全力向普通读者解释那些构成现代宇宙学基础的概念，但在书中解释这些概念并非易事，因为用通俗的语言来阐释广义相对论、量子力学这些通常用数学语言来描述的学科，实在是困难重重。那些复杂的方程甚至会蒙蔽物理学家的眼睛，以至于想完全理解或是设想出这些公式到底意味着什么，于他们自身而言都是一项艰巨的挑战。这一事实表明，我们需要另辟蹊径，以清晰的物理图像或类比法来呈现宇宙的结构。我发现，在思想交流方面，最成功的书籍必然都找到了最合适的类比法来映现物理学。实际上，类比推理法也是本书阐释的关键。

《宇宙的结构》这本书将带你进入理论物理研究进程之旅的最前沿。你将看到，与物理定律中固有的逻辑结构相反，在试图展示我们理解中的新远景时，我们通常必须接受一些荒诞且不合逻辑的演示过程，有时这些过程中还充满了缺乏深思熟虑的错误想法。对爵士乐手与物理学家来说，在各自的领域内努力掌握技术和理论固然十分重要，但若是想创新，他们就必须超越自身已经精通的技能。于理论物理而言，创新的关键是类比推理法。正确的类比是一门艺术，在本书中，我将向读者展示它是如何帮助我们开辟新天地，并横贯隐藏的量子世界，直抵宇宙广袤的超结构的。

在本书中，我将以音乐作为类比，它不仅能帮助我们理解现代物理学和宇宙学中的许多知识，还有助于揭开物理学家面对的一系列最新的谜团。在撰写本书时，通过这种类比思维，我甚至发现了解决早期宇宙学中一个长期存在的问题的新方法。理解这一点的关键是"最初的结构是如何从空无一物、毫无特征的婴儿宇宙中产生的"，这也是宇宙学中一个重大的开放性问题。那些基本的物理定律以错综复杂的方式一起运作，从而创造并维持了宇宙那包罗万象的结构，而宇宙的结构则可以解释我们的存在，这听起来很不可思议——正如乐理的框架催生了从《一闪一闪亮晶晶》到爵士乐萨克斯演奏家约翰·柯川（John Coltrane）的《星际空间》（*Interstellar Space*）的一切一样。在三位伟人（柯川、爱因斯坦和毕达哥拉斯）的启发下，通过跨学科研究，我终于发现，"绽放"的宇宙那"魔法般的"行为正是建立在音乐的基础之上。

大约 10 年前的一天，我独自坐在马萨诸塞州阿默斯特镇（Amherst）主街上一家灯光昏暗的餐厅里，正为一份物理学报告做准备。突然之间，我产生了一种冲动。我找到了一台投币电话和一本本地的电话簿，并鼓起勇气给尤瑟夫·拉蒂夫（Yusef Lateef）打了个电话。拉蒂夫是一位传奇爵士乐音乐家，刚从马萨诸塞大学阿默斯特分校音乐系退休。但是那个时刻，有件事我必须告诉他。

怀着激动的心情，我的手指颤抖着在电话簿的条目之间划过，紧张地寻找着拉蒂夫教授的电话号码。终于，我找到了！当我拨出那个号码时，新英格兰轻快的秋风吹拂着我的面庞。冒着给对方留下粗鲁印象的风险，我一直在等他接听。

"你好？"终于，一道男性的声音从电话那端传来。

"你好，请问拉蒂夫教授在吗？"我问道。

"拉蒂夫教授不在。"那个声音直截了当地说。

"我可以给他留言吗？是有关 1961 年柯川作为生日礼物赠送给他的一幅图，我认为我找到了它潜藏的意义。"

电话那端的人沉默起来，良久之后说道："我就是拉蒂夫。"

关于那张出现在拉蒂夫教授广受好评的《音阶与旋律图谱大成》(*Repository of Scales and Melodic Patterns*)一书中的图，我们聊了将近两个小时，这本书是对来自欧洲、亚洲、非洲，乃至全世界的音阶的汇编[1]。我表达了自己的观点，即那张图是如何与另一个看起来毫不相关的领域——量子引力联系在一起的。量子引力是一个宏伟的理论，它试图将量子力学与爱因斯坦的广义相对论统一起来。我告诉拉蒂夫教授，推动爱因斯坦的理论的几何原理也出现在柯川的图中。实际上，爱因斯坦是我心目中的英雄，柯川与拉蒂夫也是。

拉蒂夫教授告诉了我一些重要的信息，即那张图与四度圈和五度圈很相似。他对哲学和物理学也有着浓厚的兴趣，并且向我讲授了他的"自动灵魂治疗"① 音乐的概念，这是一种来自人类身体、精神以及灵魂的音乐。[2] 在我将宇宙与音乐建立起联系的后续研究中，这个概念发挥了重要的作用。拉蒂夫鼓励了我，并且肯定了我的想法，即音乐与宇宙结构之间有着深刻的联系。那一天就像一幅立体图画般逐渐清晰起来，我在物理学与音乐两个领域中的平行生活在我眼前慢慢融合，最终创造了一个新的图景。

柯川深深地痴迷于爱因斯坦及其理论。爱因斯坦因其对物理学的直觉超越数学局限的能力而出名，这可能是他最大的天赋。他总是通过"思想实验"（gedankenexperiments，德文）来进行即兴推演，从而想象出那些无人能完成的实验的结果。例如，爱因斯坦曾想象：如果乘着一束光旅行，会是什么感觉呢？成功地想象出结果是需要洞察力的。爱因斯坦拥有的另一项资源正是音乐。他会弹钢琴，虽然这一事实并不广为人知。他的第二任妻子埃尔莎曾说："音乐有助于他思考自己的理论。工作时，爱因斯坦偶尔会走到钢琴前弹奏几个和弦，记下某些东西后，又回到研究之中。"一方面，爱因斯坦运用了数学的严谨性；另一方面，他又有着非凡的创造力与敏锐的直觉。本质上，他是一位即兴演奏者，正如他心中的英雄莫扎特一样。爱因斯坦曾表示："莫扎特的音乐既纯粹又美丽，在我看来，它是宇宙内在美的一种映射。"

柯川的曼荼罗（图 0-1）让我意识到，即兴演奏是音乐与物理学的一个共同特征。与爱因斯坦进行思想实验一样，某些爵士乐即兴演奏者在独奏时也会在脑海中构建一些图案和形状。我猜想，这正是柯川所绘图案的意义。

---

① 原文为 "autophysiopsychic"，该词似乎是作者自造的词汇，此处根据三个构词部分直译。——译者注

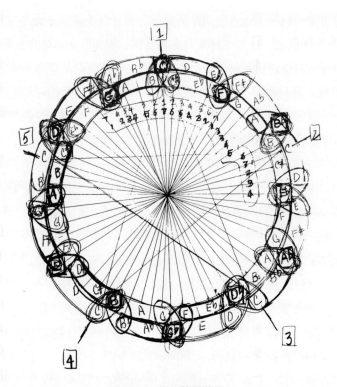

图 0-1 柯川的曼荼罗

注：柯川于 1961 年作为生日礼物赠送给拉蒂夫的图。
图片提供者：艾莎·拉蒂夫（Ayesha Lateef）。

柯川于 1967 年逝世，仅在阿尔诺·彭齐亚斯（Arno Penzias）与罗伯特·威尔逊（Robert Wilson）发现宇宙微波背景辐射（CMB），即宇宙大爆炸残留物两年之后。这项发现推翻了静态宇宙论，并且证实了宇宙膨胀理论，正如爱因斯坦的引力理论所预示的那样。在柯川最后录制的唱片专辑中，有三张分别名为《恒星区域》（*Stellar Regions*）、《星际空间》和《宇宙之声》（*Cosmic Sound*）。柯川的音乐中包含着物理学，并且令人难以置信的是，他正确地意识到了宇宙膨胀是反引力的一种形式。在小型爵士乐团中，

"引力"的拖曳来自节奏乐器中的贝斯和鼓。《星际空间》中的曲目就是柯川磅礴的独奏表演，它们不断膨胀，最终挣脱了节奏乐器的引力拖曳。柯川是一位音乐革新者，对物理学知识信手拈来。爱因斯坦是一位物理学的革新者，对音乐了如指掌。不过，他们之所为并不新奇。他们都是在重建音乐与物理学的联系，这种联系是几千年前毕达哥拉斯（那个时代的"柯川"）第一次提出音乐中的数学时建立的。由此，毕达哥拉斯的哲学变成了"万物皆数"，而音乐与宇宙都是这种哲学的表现形式。"天体之声"在行星轨道的数学模型中回响，以一根振动的弦演奏着和声。

追随着柯川和爱因斯坦的脚步，在《宇宙的结构》这本书中我们也会重游古老的王国，在那里，音乐、物理学与宇宙是一体的。我们将会看到毕达哥拉斯与其他人是如何理解声音的，以及他们的思想与实践是如何经开普勒和牛顿等伟大思想家的改造，最终发展成我们今天所理解的弦与波的动力学的。2 500年后，弦理论的发明者正忙于研究如何用基本弦来统一自然中的4种基本作用力，但他们中有多少人记得或者重视这样一个事实：他们理论中的一个核心方程——波动方程，正是根植于对物理学和音乐之间的普遍联系的研究。

本书也是对类比法的力量的一次运用。通过类比法将物理学与音乐重新联系起来，我们就可以借由声音来理解物理学。我们将会看到，和声与共振是一种普遍现象，可以用来解释早期宇宙的动力学。我们还将看到，大量有关宇宙的数据表明，在大约140亿年前，一系列相对较简单的声音模式发展成了诸如星系和星系团这样的结构，并最终使行星与居于其上的生命的形成成为可能。

我们还将讨论生命的量子起源。在大多数音乐中，一个音阶中的音调的范围受到离散振动的限制。亚原子领域也充斥着离散的波包，这些波包被称为量子（相关学科因此被称为量子力学）。大型强子对撞机证实了希格斯玻色子（Higgs Boson）的存在，在此基础上，我们验证了构成许多物理实在性的范式正是量子场论（Quantum Field Theory）。这是一个在数学上令人生畏的物理学领域。让我们感到幸运的是，这个领域中的许多知识都可以通过音乐元素来理解。例如，量子对称性破缺在产生基本作用力与基本粒子方面至关重要，而音乐结构（如大调音阶）上的对称性破缺则创造出一种合成的分解感。在我们的探索之路上，即兴演奏将会发挥重要作用，为我们提供一种工具以理解量子世界那奇异的动力学：它内在的不确定性，以及"每个结果实际上都是所有可能的结果的叠加"的理念。

我意识到，若想解开理论科学的奥秘，最重要的工具除了数学就是简化正在使用的系统，并借助某些乍看上去可能完全不相关的学科来做类比。这些类比有其局限性，我们需要进一步研究才能找到通向新发现的大道。这就像跨学科的"跨礁玩浪"（rock hopping），从无知之岸跳向知识彼岸，而生命的长河从两岸之间汹涌而过。

从我们所能想象到的最小尺度到最大尺度，物理学在揭开大自然的秘密方面取得了前所未有的成功，但物理学界如今却陷入了困境。物理学家在一些基本问题上遇到了困难，比如宇宙的"微调"，这是自然中形成碳基生命的4种基本作用力相对强弱平衡的一个例子。但我认为，物理学会迎来一个兼容并包、多学科交融的新时代——这是一种即兴演奏式的物理学。这种物理学根植于交叉学科间的类比，将界限推向了类比法的极限。

这便是我的生命之旅。我是一个纽约出租车司机的儿子，我父亲来自特立尼达（Trinidad）。十几岁时，我便迷恋上了维克托·魏斯科普夫

（Victor Weisskopf）的著作《有幸成为一位物理学家》（*Privilege of Being a Physicist*）。我的家人则希望我学习音乐。"只有两种事物能赋予生命价值，"诺贝尔奖得主、该书作者魏斯科普夫说，"那就是莫扎特和量子力学。"我热爱莫扎特，但在那时，我对量子力学所知不多。然而，这最终成为一段长久的"爱情"的开端。这段"爱情"成就了我的未来，并且包含了除量子力学与莫扎特之外的许多事物，而宇宙学与柯川将成为这种激情的核心部分。在成为一位物理学家的过程中，我接触到了一些那时预料之外的名字。我为自己铺设了一条融合爵士乐与物理学的非凡之路，最终我成了一位理论物理学家。我能取得这些成就，离不开过去的 20 年里老师和朋友的指导与认可，其中包括诺贝尔奖得主、超导理论的先驱、热爱音乐的利昂·库珀（Leon Cooper），以及奥尼特·科尔曼（Ornette Coleman）和布莱恩·伊诺（Brian Eno）等热爱物理学的音乐家。他们使我明白了跨学科思维的重要性，以及类比法是扩展知识边界的重要手段。

领略这些重要人物的思想是我们旅行的一部分；按照乐理的节奏轻叩节拍是我们旅行的一部分；追寻宇宙结构的演化是我们旅行的一部分；在物理学与音乐之间构建类比是我们旅行的一部分；不进行精确的类比，以及清晰地论证问题所需的严格计算，也是我们旅行的一部分。

如何阅读本书

《宇宙的结构》这本书将探索现代物理学、相对论宇宙学以及乐理的诸多方面，但读者并不需要具备这些领域的专业知识，因为书中已经包含了这些内容。以我多年的经验来看，通过讲故事的方式来学习是一种既有趣又有效的方法，可以将物理学中的复杂理念传达给读者。本书中的许多故事都包含着意义深远的概念。有时书中会出现一些美丽的方程，但领会某个概念并不需要理解这些方程。如果你遇到一个不理解的方程，我建议你直接跳过它，继续读下去。就我自己的经验而言，只要我定性地理解了一个概念，那么在事后我总能慢慢理解那个方程。尽管如此，我通常还是会用通俗的语言来推导和解释这些方程。

我邀请你加入一场物理学家与音乐家共舞的盛会；我期待你与我共同探究和质疑；我希望你严肃地对待音乐类比，也许我们可以通过它做出关于宇宙的新发现。让我们来即兴演奏吧！

想了解更多关于宇宙结构的奥秘吗？
扫码下载"湛庐阅读"App，
搜索"宇宙的结构"，
听作者更多精彩解读。

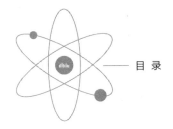

目 录

第三部分　宇宙本身是否就是一件乐器 ılıılı

The Jazz of Physics

of

Physics

第一部分

当物理学与音乐相遇

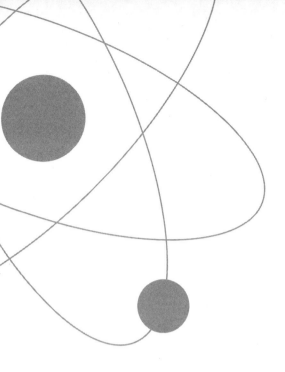

01

巨人的步伐

The Jazz of Physics

音乐正是这样一种乐趣，它源自人类思维在计数上的经验，而人类却没有意识到这就是一种计数。

——莱布尼茨

音符的魔法

在一个炎炎夏日里，已为人祖母的露比·法拉（Ruby Farley）正襟危坐在自己的摇椅上，头戴一个华丽的加勒比风格的发带。孩子们在她位于布朗克斯的褐色砂石屋外玩着威浮球。祖母用她那悦耳的特立尼达口音喊着："哎呀，我才不管你会练习几个小时的钢琴呢，反正你必须练到掌握这首歌为止！"她8岁的孙子——也就是我，很难把手指放在正确的琴键之上。我泫然欲泣，因为我唯一能听到的"乐声"就是小伙伴在外面玩耍时发出的欢笑声。突然，祖母严肃的表情柔和了下来。她笑了笑，自言自语般唱道："啊，仿佛现在就可以看到，我孙儿的名字在百老汇的星光大道上闪耀。"祖母在布朗克斯区做了30年的护士，积攒下了一些钱，希望能把我送上成名之路，但我并没有成为一位钢琴演奏家。

法拉是我的祖母，于 20 世纪 40 年代在特立尼达长大（那时特立尼达还是英国的殖民地），并在 60 年代迁居到纽约。当时，加勒比海地区和纽约之间的音乐交流非常活跃，因而她带去的不仅是她的特立尼达口音，更多的是当地的音乐。当她从特立尼达返回纽约时，她会带回来卡利普索大师的唱片，如《小麻雀》（*Mighty Sparrow*）和《基钦纳勋爵》（*Lord Kitchener*）。正是通过这些唱片，我才得以把灵魂乐（soul music）与特立尼达本土的卡利普索音乐（calypso）结合在一起。这种被称为"卡利普索之魂"的索卡音乐（soca music）融合了东印度文化与非洲文化，于 60 年代末期发展起来，并在 70 年代特立尼达的艺术家在纽约录制唱片时成形，灵魂乐、迪斯科音乐和放克音乐（funk music）都曾对它产生影响。

对祖母和她那一代的许多非裔加勒比人来说，音乐家是为数不多的具有经济地位与社交地位的职业之一。早在我 8 岁时，在我的父母及其兄弟姐妹离开特立尼达，来纽约与祖母同住之前，祖母就为我制订了学习古典音乐并成为钢琴演奏家的宏伟计划。这是她试图给我一张通向经济自由的船票的方式，而无论是她还是我的父母都从未拥有过这种自由。我的钢琴老师迪·达里奥（Di Dario）夫人是一位年逾古稀的意大利女士，也是一位严格的监督者。对一个 8 岁的孩子来说，跟随她弹奏练习曲、记忆音阶是一项艰巨的任务。然而，正是这种必须成功的潜在压力迫使我坚持下去。虽然我不喜欢在祖母期盼的眼神中进行枯燥的练习，但那些创作了我练习曲目的古典作曲家还是勾起了年少时的我的好奇心。他们竟然可以把音阶组合在一起构成音乐！我深深地为"仅仅 12 个音调就可以构成大量歌曲"这个想法着迷。每当练习钢琴时，我就会被一些杂乱的想法分散注意力，而这些想法会逐渐变成意义深远的问题。人类是如何发明这种被称作

"音乐"的事物的？当我演奏大音阶时，我为什么会感到愉悦？C大调中的关键音符C、E和G都是令人愉悦的音符。"猫王"埃尔维斯·普雷斯利（Elvis Presley）的歌曲《情不自禁爱上你》（*I Can't Help Falling in Love*）的第一行"Wise（C）men（G）say（E）"正是这3个音符。然而，当我的手指从白E键滑到黑E平键上时，令人愉悦的音符就变得令人悲伤了。这是为什么呢？

与爱因斯坦相遇

相比于演奏别人创作的曲目，我对探索音乐的运作机制兴趣更大。这个隐秘的兴趣贯穿我的青春期与成年时期，但它并没能让我在日常练习中集中精力。最终，我那有着悦耳的特立尼达口音的祖母意识到，她的积蓄不足以培养我成为钢琴演奏家，于是缴械投降。我的钢琴课程也终于停止了。

那时，我就读于第十六公立小学三年级，班主任是汉德勒夫人。我字写得不好，而腼腆、好奇的天性被视为"智力发育迟缓"。我的父母从未怀疑过我的智力，而老师们则不然，所以我差点被送入"智力障碍班"。还好，我幸免于难，并且在一次改变了我人生轨迹的出游活动中找到了自我。那时候，公立学校的小学生可以免费参观百老汇的戏剧表演以及博物馆。我所在的班级被分配到自然博物馆参观恐龙。我们排成队列，手牵手地走过满是生物标本的宏伟走廊。那些生物标本栩栩如生，好像正在睡觉、进食、咆哮，甚至随时准备向我们扑来。

进入主厅之后，我发现了一条通向左侧的小一些的走廊。我走在队列的末尾，犹如一只好奇的猫，天真而坚定地准备着牺牲自己九条命中的一条，所以我擅自脱离了队伍，偷偷溜到那条走廊，打算去看看那里有什么。走廊里只有我一个人，我看到厚厚的玻璃柜里放着一些纸张，上面的字迹是清晰的手写体，然而不知所云。在 8 岁的我眼中，它们不像是这个星球上的文字。接着，我看到了这些谜一般的字迹背后的人。他坚硬的头发形成了一个蓬乱的、灰白相间的光环，专注的目光极为沉静，隐隐又透着一丝顽皮。我想象着他伛偻着坐在书桌前，对自己的方程涂涂改改，时而发出满意的"哼哼"声，时而发出沮丧的嘟哝声。这就是我第一次看到爱因斯坦和他描述相对论的方程时的场景。于是，不可思议的事情发生了。

那时，我并不知道那些潦草而迷人的方程把时间与空间当作一个单一的、可变的整体来描述，但我确实感觉到伟人沉思的时刻仿佛超越了时空，成为永恒。我的目光在爱因斯坦的照片与他写下的符号之间徘徊。我感觉我和他有些相似，不仅是因为我那卷曲的爆炸头型与他的不羁外貌极为相像，更是因为我看到了一位沉迷于符号与理念的孤独行者，正如喜欢用音符创作自己的音乐，并且试着回答自己提出的问题的我。我希望能深入地了解他，并理解他写下的那些方程。我内心有一种感觉，无论爱因斯坦是什么样的人，我都希望能成为和他一样的人。在那一刻，我意识到，有某种事物超越了汉德勒夫人的班级，超越了布朗克斯，甚至可能超越了整个世界，而与保存在玻璃柜里的那些爱因斯坦在很久以前写下的神秘符号有关。

音乐是一个"物理事件"

4 年时光转瞬即逝。在 20 世纪 80 年代初期，包括我在内的美国大部分年轻人都沉迷于嘻哈乐（Hip-Hop），因为它展现了我们的经历和背景。嘻哈乐混合了詹姆斯·布朗（James Brown）和议会乐队（Parliament）的放克音乐，以及加勒比音乐（Caribbean music）和拉丁音乐（Latin music）的即兴抒情形式。我周围的一些朋友都希望成为成功的嘻哈乐制作人和艺术家。其中，我的朋友兰迪（Randy）给我留下的印象最深，他后来成了文尼·伊多尔（Vinny Idol）。那时的兰迪年仅 12 岁，高大、帅气，是一个有着牙买加血统的音乐发烧友，住在我送报路上的一栋房子里。出于对音乐的共同爱好和理解，我们相识相知。我经常驻足于兰迪的公寓前，而他则会为我演奏他收藏的唱片中的灵魂乐。他通常会把电贝司声与那些唱片的内容融合在一起，这正是我喜欢的风格。看，它又来了——我着迷于用音符来进行创造，而不只是复现别人的作品。这就是即兴演奏，这是我第一次欣赏到它的韵味。

我家阁楼上有一间屋子，后来成了我的"疯狂科学家"实验室——我的实验车间。屋子里到处是七零八落的收音机零件、组装到半截的电动玩具作品，还有一套漫威漫画集。几乎每天晚上入睡之前，我都会听一会儿七年级学生很喜欢的广播电台——98.7 Kiss FM 或是 107.5 WBLS。某天晚上，我决定寻找一个新的电台。当我转动收音机的旋钮，期待着找到一个能与朋友分享的新节拍时，突然，我的耳朵自动聚焦在了某种声音上。一开始我误以为是电台之间纷杂的白噪声，然而它并不是。几秒钟之后，我意识到，这是萨克斯的声音。最初，这些音乐听起来混乱而随意，但随即我却感受到一种神秘的力量吸引着我屏息凝神地静静聆听。我被这乐声迷住了，直到一曲终了。这时，电台主持人说："你刚才听到的曲目是奥尼特·科尔曼的自由爵士乐。"看，它又来了——即兴演奏。

我的父亲是萨克斯的狂热爱好者，他注意到了我对萨克斯与日俱增的热情。我的父母给我买了一把二手的老式中音萨克斯，它来自一次宅前旧货出售，前主人是纽约大都会棒球队（New York Mets）球员蒂姆·托伊费尔

（Tim Teufel）的夫人。我父母花了50美元买下它，虽然它多处掉漆、凹痕遍布，但音色尚可。之后，我参加了我所在的约翰·菲利普·苏萨初级中学（John Philip Sousa Junior High School）的乐队，乐队由专业的爵士乐小号手保罗·皮泰奥（Paul Piteo）先生领导。他向我演示了如何用萨克斯吹奏出音符，以及如何自己制作簧片。"真是万幸，"我想，"我并不需要练习。"有了"音乐独立"的工具，我就可以演奏自由爵士乐，就像我的朋友兰迪和科尔曼一样。我可以即兴演奏，这很有趣。于我而言，这才是音乐，与练习钢琴截然不同。

如今回想起来，我简直大错特错。我从模仿和即兴演奏便携式收音机里的流行歌曲中得到了乐趣，然而，在自由爵士乐中并没有免费的午餐[①]。在传统爵士乐中，一首歌曲中的旋律主题与和声运转都是很明确的。刚开始学习爵士乐时，我曾认为演奏自由爵士乐意味着：任何不经训练或者练习的人就可以弹奏某种乐器，并进行有意义的即兴演奏。当我在音乐之路上成长起来，逐渐领悟了标准爵士乐传统中的和声规则和基本形式时，我才发现自由爵士乐其实有着它自己的内部结构，它是标准爵士乐传统的延展。对自由爵士乐音乐家来说，结构并不是必需的，真正的挑战在于如何即兴演奏能够打动听众的音乐。然而，我们所谓的"音乐"到底是什么呢？

音乐是非常个人化的，[1] 不同的人对音乐有着不同的品位和偏好。我有一些朋友只听电子乐（electronic music），另一些朋友则认为爵士乐是唯一值得聆听的音乐。我还认识一些人，他们认为"真正"的音乐只有古典音乐。此外，越来越多的个人开始喜爱噪声音乐。鉴于很难给出一个适用于所有人的"音乐"定义，我打算把对音乐的讨论限制在西方古典音乐的范畴之内。

---

① 英文中"自由"与"免费"是同一个词，作者在这里玩了一个文字游戏。——译者注

我之所以这么做，是因为本书中讨论的许多音乐都是基于经典的西方十二音体系。一般来说，一段音乐可以表述为随时间变化的复合声波波形。我们能感知到的许多元素都包含在这种波形中，比如音调、拍子、节奏、音高、旋律与和声。[2]

我们很难用一句简短的话来精确地定义西方音乐中的大量元素。为了简便，我会给出简单的描述。想象我们听到了一首用钢琴演奏的乐曲，那些离散的声音就是音调或音符。我们可以感觉到，音调有确定的频率（或者音高），它属于某个特定的音阶，而音阶是一系列有限频率的集合。旋律是一系列的音调，它通常是某段音乐的主旨。每个人都有自己最喜爱的旋律，我最喜爱的旋律是《我的最爱》（*My Favorite Things*）。舞者们特别关注拍子。拍子是反复出现的、一致的重音的模式，它提供了节拍，且决定着歌曲的节奏。拍子中的节拍通过小节来分组。例如，华尔兹舞曲的拍子每小节有 3 个节拍；而电子舞曲有 4 个重复的节拍；和声则涉及同时演奏出的音符之间和谐或是不和谐的关系，这些和弦制造了音乐在绷紧与释放之间的运动。

音乐是一个物理事件，和大多数非平凡的物理系统一样，它有自己的结构，也即音乐家所说的"形式"。正如骨骼决定了动物的形态，音乐形式为旋律、节奏与和声提供了框架，让它们得以按照一致的风格来展开。在许多情况下，一首歌曲通常以主题或者主旋律开始。在许多古典音乐和巴洛克音乐（Baroque music）中，我们常常能见到这种情况。一个非常著名的主旋律是贝多芬《第五交响曲》（*Fifth Symphong*）的前 4 个音符：ta ta ta taaaa。这些音符可以共同构成一个乐句，在音乐上相当于一个句子，是一组有着一致乐感的音符。

乐句可以纳入某种和弦或者音调。在很多流行的音乐形式中，和弦会不断变化，并最终回到初始的和弦上。很多歌曲都有一个起始音调，并且从它出发，逐渐偏离，最终又回到主音调上来。主音调通常由罗马数字 I 表示。大多数西方音乐中的典型和弦运动是 II-V-I 演变。在 C 调上，II-V-I 对应于 D-G-C。我最喜欢的 II-V-I 歌曲是科尔·波特（Cole Porter）的《日与夜》（*Night and Day*），后经法兰克·辛纳屈（Frank Sinatra）的演唱而流行开来。另一种常见的音乐形式是蓝调（blues），它应用从 I 到 IV 运动的 12 个小节，中间重复数次，并最终回到 I 上。听一听 B. B. 金（B. B. King）的歌曲，你就会明白这种演变是如何运作的了。

这些形式创造了一种进程，制造出紧张与坚决之感，并深入人类的感觉和想象。我们对音乐的描述始于一个单一的音符，然后是和弦、乐句、节奏，直到形式——一个复合结构，而形式始于某种波及其特有的波长和频率。这一切都向人类的情感与创造力敞开了大门——用音符来表达自我，并在自我与自然之间构建联系。音乐如魔术一般出现了，而它的确是非常个人化的。

虽然大多数来自摇滚乐、流行乐和爵士乐的流行歌典都是基于图 1-1 所示的简单形式，但是诸如利盖蒂·捷尔吉（Ligetti György）等现代作曲家却以更为复杂的作曲结构为基础，这些结构是类似分形（fractal）的自相似系统。在这些形式中，较小的片段反映了较大结构的形式。自然界中的很多结构都具有分形的特性，比如雪花、树叶和海岸线。[3] 研究发现，巴赫的一些作品中也存在分形结构。[4] 当较短的音乐片段反映了较长的音乐篇章时，分形结构就出现了。

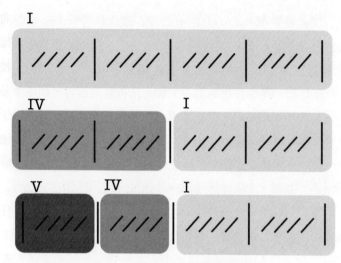

图 1-1　12 小节的蓝调结构图解

注：拍子通常是每小节 4 拍。在 C 调上，这种形式以主音开头：音阶（Ⅰ）的第一
　　个音符重复了 4 个小节，然后升至第 4 音阶（Ⅳ），也就是 F 调。在最后 4 个
　　小节中，和声最终分解成了主音。

于我而言，吹奏萨克斯与打篮球极为相似——因为好玩，所以我才会去做。这是一项业余爱好，往往出于一时的热情，但我内心深处潜藏着求知的欲望，我想要知道更多，我不满足于仅仅知道如何创造音乐，还想知道它的起源，它与我们情感之间的联系，以及如何从"音符"之中获得所谓的"音乐"。那"音符"又是什么呢？那时，我还没有意识到，科学可以帮助我找到这些问题的答案。科学将成为我真正的爱好。

像科学家一般"种下科学"

约翰·菲利普·苏萨初级中学属于埃德沃德工程（Edenwald Projects）的一部分，离贝彻斯特大道（Baychester Avenue）不远。在我入学之前的几年里，苏萨中学被评为美国犯罪率最高、最危险的中学之一。直到希尔·布林德尔（Hill Brindle）博士上任之后，情况才有所改善。布林德尔操着一口清晰的男中音，是一个激进分子。对于他家长式的作风，无论是学校里的学生还是潜藏在附近的暴徒都既钦佩又惧怕，还心怀尊重。苏萨中学是一所公立学校，但布林德尔把它当作一所军事化的私立学校来管理。就读于西点军校时，布林德尔曾有望参加奥运会 400 米短跑比赛。然而，有一天他在跑道上训练时，被一个来历不明的枪手击中了腿部，他的奥运梦因此破碎。后来他加入了马丁·路德·金的民权运动，并投身于贫民区学生的教育，或许就是为了发泄精力也说不定。在苏萨中学，每天早上布林德尔和系主任们都会来到学校的两个入口，检查每个学生的笔记本和作业本。每个星期三，布林德尔都会向全校学生发表福音书式的演讲，所有学生都要穿半正式的服装出席。

在又一次星期三的晨会上，布林德尔像往常一样做了演讲，然后突然告知我们有一位重要来宾，说完他就走下了舞台。那时我正在读八年级，那一天令我永生难忘。一个年长一些的男人身着一件橙色连体衣裤，肩膀上扛着音响，从舞台的幕布之后走了出来。接着，一段大家耳熟能详的嘻哈乐节拍从音响中传出来。一些学生嬉笑起来，仿佛那人是个小丑；另一些学生则一脸困惑，但绝大多数学生都不由自主地随着音乐的节奏摇头晃脑。这个家伙确实引起了我们的注意。接下来，他关掉音乐，并介绍了自己。他叫弗雷德里克·格雷戈里（Fredrick Gregory），是一位非裔美国宇航员。格雷戈里操着一口华盛顿本地口音问道："你们中有多少人喜欢这种节奏？它酷不酷？"学生们振奋起来，脸上露出了会心的笑容。"是的……节奏当然很酷！"他说。就这样，这次集会变成了一场派对。这位宇航员又问："那你们知道这台音响为什么能制造出这些音乐吗？"他继续说，"能够拥有一台音响并且听到这些音乐，无疑是一件很了不起的事情。不过，更了不起的是'拥有制作一台音响的能力'。正是因为学习了音响的工作原理，我才成了一位宇航员。我进入大学，学习科学知识，并且获得了工程学学位。"他的话使我们深受震动。格雷戈里来到我们学校，来到我们面前，并且清楚地向我们说明了科学的重要性。而且无论是在文化、社会和经济上，还是在地域背景上，他都与我们极为相似。最后，他总结道："我和你们有着相同的背景，我能做到的事情，你们一样可以做到！"这不是我第一次考虑学习科学，但这次与以往都不同。

然而，我踏上科学之路并不是为了成为一位物理学家，以探究音乐中的物理学，或是揭示爱因斯坦的方程中的奥秘。我想成为一位机器人专家。在我的收音机、我的二手萨克斯，以及我凌乱的卧室里那些实验器材旁边，还堆着我的漫威漫画集。漫画中的超级英雄托尼·斯塔克（Tony Stark）制造了自己的钢铁侠盔甲，这给了我很大的启发。自那次学校集会之后，虽然我仍在学校爵士乐队中吹奏萨克斯，但我的兴趣已经转移到了科学上。

在临近毕业的某一天，保罗·皮泰奥先生把我拉到一边，对我说："孩子，你是我见过的最有音乐天赋的两个学生之一，另一个是'阿波罗剧场'乐队的指挥。我敢保证，我可以把你送入表演艺术中学（High School of Performing Arts）。"能够进入纽约市最好的音乐高中无疑是一个巨大的机会，也会让我的祖母脸上有光，但我从未告诉祖母此事，因为我已经有别的打算了。我已经走上了科学之路，并且决定进入德威特·克林顿高等中学（DeWitt Clinton High School）。

在有着约 6 000 名学生的德威特·克林顿高中的第一天，我就感觉自己格格不入。在英语课上，我和大家一起讨论哈姆雷特，突然，课程被窗外一些年轻人发出的声音打断了。那是一群拉丁裔的学生，正在玩手球、跳霹雳舞，还有人唱着"自由风格的战斗说唱"。这是一种即兴表演，节奏复杂，但极富韵律。说唱歌手们彼此竞争，并接受周围的热情观众的评判。我们的莎士比亚课老师班布里克（Bambrick）小姐是一位开朗的爱尔兰人，她激动地说："看到了吗，这才是真正掌握了英语这门语言！"

我的生活发生了转向。我会翘掉我讨厌的课程，然后乘坐公交车去篮球场。在篮球场上，我们通常会打几场凑队球，以说唱以及在压平的冰箱包装纸箱上跳霹雳舞作为中场休息。在公交车上，我遇到了来自我所在中学的其他翘课的同学。我还无意中听到一些自称"百分之五"（Five Percenters）的人之间的讨论。这些人会就如下话题展开争论：来自外太空的类人外星人是否会与"亚洲黑人始祖"进行互动。这不是开玩笑。至于他们讨论的其他科幻主题，我也有所耳闻，并且我发现他们真的相信这些！我所在的高中是这些"百分之五"族向往的圣地，我们学校的学生从来不会与这些人搅和在一起。这些家伙身强体壮、少有笑容。我最初以为"百分之五"族只是一群暴徒，然而很快我就发现自己错了。在精神和思想的研究上，他们极有决心、高度自律。我和他们有一些共同之处，不仅仅是我们都翘课，并且我们都玩弄"科学"。"百分之五"族的日常活动是"种下科学"，这类似于某种知识辩论，有些时候以战斗说唱的形式进行。我们都想逃离我们面临的黯淡未来。我从漫画书、电子游戏以及对科学的热爱中寻求解脱。这些家伙的世界观来自他们的领袖克拉伦斯·13X（Clarence 13X），后者是马尔科姆·X（Malcolm X）的学生。在获得了精神上的启蒙后，"百分之五"族在纽约的大街小巷广泛宣传如下理念：

- 85% 的人盲目信仰宗教；
- 10% 的人故意误导他人；
- 只有 5% 的人免于蒙昧，意识到命运掌握在自己手里。

- 数学是描述实在性的语言，为了征服自然，"百分之五"族必须理解隐藏在自然背后的数学模式——他们称之为"至高无上的数学"。

　　"百分之五"族正是那5%。当他们总是看到我独自一人坐在公交车上，静静地演算着我从数学老师丹尼尔·菲德尔（Daniel Feder）先生那里学到的方程时，他们就试图鼓动我参与他们有关外星生命形式的辩论，这些外星生物曾与亚洲黑人始祖进行互动。最后，他们向我发出邀请，希望我加入他们。诚然，我对他们所谈论的话题很感兴趣，但我克制住了自己，继续做我的微积分先修课程作业。虽然我从未加入"百分之五"族，但他们十分欣赏我，并且保护我免受那些经常欺负书呆子或弱者的暴徒的欺凌。我也很欣赏他们，因为主持人拉基姆（Rakim）就是"百分之五"族的虔诚一员，当时他刚刚发行了他的首张唱片，名为《埃里克·B是总统》（Eric B is President），风靡了整个纽约乃至全世界。拉基姆一直是我最喜欢的主持人。与现今的嘻哈乐不同的是，他的歌词能提升自我认识，他还像科学家一样传播他的即兴演奏。拉基姆注定作为最伟大的战斗说唱歌手而留名青史，因为他具有非凡的即兴演奏能力，他的说唱歌曲还有着独一无二的多重节奏。有时我会想，伟大的数学家莱布尼茨预言了拉基姆的出现，因为他曾说："音乐正是这样一种乐趣，它源自人类思维在计数上的经验，而人类却没有意识到这就是一种计数。"拉基姆将自己歌曲中的节奏视为"种下科学"。他的经典歌典《我的旋律》（*My Melody*）的部分歌词如下：

　　　　这正是我在讲述的东西，我像科学家一样"种下科学"；
　　　　我的旋律是一段代码，是下一段特有的插曲；
　　　　麦克风的声音被扭曲，时刻有可能爆炸；
　　　　我把麦克风控制在零摄氏度，把主持人冻结，让他们变得更冷；
　　　　听众像太阳系一样活跃……

一年之后，我升到了高中二年级，开始学习物理课程。我非常紧张，而且并非只有我这样，所有坐在教室前面的书呆子都很害怕。一个身材瘦削、头发蓬乱且戴着眼镜的男人走进教室，在黑板上写下了一个非常简单的方程，只有 3 个字母和一个等号：$F=ma$，意为力等于质量乘以加速度。当外力作用于某个物体之上时，这个物体就会加速运动。当外力相同时，物体的质量越大，它的加速度就越小。那时的我们从未见过这样的方程。丹尼尔·卡普兰（Daniel Kaplan）先生走到教室中间，坐在一张空桌子上，然后从口袋里掏出一个网球。他把网球扔向空中，随后又接住了它。见每个人都很专注，他便知道自己不必再做第二遍。少顷之后，他问："当球回到我手中的时候，它的速度是多少？"所有人都沉默了，没有人知道答案。就在那一两分钟里，奇迹发生了。我想象着那个网球向上运动，停在我们头顶上方，然后回到卡普兰手中的情景。我一次又一次地重现了这一场景。我想象着自己就是那个网球。我的双手发抖，而不知何故。可能是我的眼睛出卖了我，卡普兰注意到了我。

"你叫什么名字？"他问。

"斯蒂芬。"我说。

"那么，斯蒂芬，你觉得它的速度是多少？"

在一阵惊愕之后，我脱口而出："球回到你手中时的速度与它离开你的手时的速度是一样的。"

卡普兰脸上露出了非常满意的笑容："回答正确！这就是自然界中的一个神圣法则，叫作能量守恒。"

卡普兰回到黑板前，通过简单的加法和乘法，应用方程里的字母 F、m 与 a 展示了能量是如何守恒的。这是一个通过网球来论证和演示的神圣法则。这是我人生中第一次看到，一些特定的事件结合起来就有了意义。我以一种之前从未体验过的方式理解了有关世界的某些事情。这些方程让我回想起了 7 年前我和爱因斯坦"相遇"的场景，以及我看着玻璃之后那些神秘的方程时所感受到的吸引力。现在，4 个符号的力量恰到好处地结合在一起，组成了一个揭示网球的运动，甚至是宇宙中行星运动规律的方程。下课后，卡普兰先生走过来，对我说："最伟大的物理学家都有着天赐的直觉，而你有这种直觉。稍后来我办公室一趟。"或许是受"百分之五"族的影响太深，那一刻我不禁怀疑我是否会被引荐加入一个秘密组织。

卡普兰曾是一位训练有素的专业作曲家，也是爵士乐上低音萨克斯演奏者。后来他应召入伍，致力于研究雷达技术。最终，卡普兰被物理学深深吸引了，回美国后继续攻读物理学研究生，不过他并没有放下他的萨克斯，而且一直坚持作曲。

因为卡普兰，我想成为物理学家的热情更高涨了。他是音乐系和科学系的系主任，当我进入他的办公室时，看到了一幅爱因斯坦的巨幅画像，正对着它的是一幅约翰·柯川的画像。这是我第一次看到这两个人的画像被放在一起。为什么卡普兰先生会同时拥有一位爵士音乐家和一位物理学家的画像？后来，柯川成为我最喜欢的爵士音乐家，因为我们都崇拜爱因斯坦。"你有着很敏锐的物理直觉，但若想成为一位物理学家，你还需要学习很多数学知识，因为数学是物理学的语言。"卡普兰说。我告诉他，我读过一点有关爱因斯坦的书，知道物质可以转化为能量。他的回答令我永生难忘："看到那本书了吗？"他指着一本名为《引力》（Gravitation）[5] 的鸿篇巨制，"这本书介绍了爱因斯坦的广义相对论，而广义相对论揭示了空间、时间和引力背后的奥秘。如果你想成为一位物理学家，就必须进入大学学习，"他继续说，"你若是想读这些书，或者有任何问题，可以随时来我办公室。"

只要有闲暇时，我就会去卡普兰先生的办公室。我会读他推荐的书，与他讨论物理学和音乐，甚至经常忘了吃午饭。有一天，卡普兰给了我一张柯川的唱片《巨人的步伐》（*Giant Steps*）。事后看来，这张 1960 年发行的开创性唱片正是柯川"纸片声"（Sheets of Sound）[①]的典范，是爱因斯坦那弯曲的时空结构的音乐体现。在卡普兰的鼓励下，我退出了高中爵士乐队，转而开始在纽约城市学院学习微积分。然后，几乎一切都开始发生转变。

20 世纪 80 年代中期，美国人的穿着逐渐从喇叭裤变为氨纶裤，美国总统从吉米·卡特（Jimmy Carter）变为罗纳德·里根（Ronald Reagan），而布朗克斯区则充溢着艺术创造的活力。哈维·弗格森（Harvey Fergurson）是我最好的朋友之一，得知我会吹奏萨克斯之后，他便邀请我加入他新成立的嘻哈乐乐队，乐队名为"提姆巴克 3"（Timbukk 3），由嘻哈乐的先驱阿弗里卡·蓬巴塔（Afrika Bambaataa）与贾兹·杰（Jazzy Jay）指导。蓬巴塔以在世界范围内广泛传播嘻哈乐，并建立了"环球祖鲁联盟"（Universal Zulu Nation）而闻名，这个联盟通过嘻哈乐让成员摒弃恶习，追求和平。"母语"（Native Tongue）是一个"自发嘻哈乐艺术家"共同体，"提姆巴克 3"希望成为这个共同体在布朗克斯的分支。探索一族（A Tribe Called Quest）、丛林兄弟（The Jungle Brothers）和迪拉索（De La Soul）是"母语"中的典型代表。蓬巴塔的录音室名为"强大城市"工作室（Strong City Studios），

[①] "纸片声"一词由爵士乐评人艾拉·吉特勒（Ira Gitler）创造，形容柯川发展出的音乐风格：每分钟上百个音符如瀑布奔流，以达到声音质量"薄如纸片"。——编者注

位于布朗克斯北部。在那里，我录制了打击乐，并且让贾兹·杰为我录制了萨克斯。我爱上了在录音室里的那种兴奋感。当我的中音乐器对准麦克风时，我看到贾兹与哈维一边随着音板摇头晃脑，一边记录着我演绎的柯川的连复段，之后他们会把我的演奏拆分为不同的样本段，并把它们纳入自己的说唱歌曲。一切都是那么顺利：我们的合作像是插上了想象力的翅膀，而几个月之后，"提姆巴克3"就收到了一份唱片合约。那是1989年，嘻哈乐在国际上的吸引力和影响力正呈爆炸式增长，成为打击乐创作者和制作人的大门也正在向我敞开。然而，在内心深处，我知道自己在音乐上还不成熟，尤其是在吹奏萨克斯上。更重要的是，物理学仍深深地吸引着我。对我来说，潜藏在方程与事物中的规律比嘻哈乐之路更为重要。所以，我最终决定进入大学。

我在布朗克斯长大，尽管生活在那里会遇到各种挑战和荒谬的事情，但那里于我成为物理学家而言却是一片丰饶的土壤。生活在布朗克斯时，我有很多机会成为一个音乐家，我的侪辈（战斗说唱歌手、霹雳舞者、打击乐手和"百分之五"族）身上都充满了创造力，不过，我挚爱的老师（尤其是卡普兰先生和布林德尔博士）却鼓励我去追逐自己真正热爱的事物。卡普兰先生是我的榜样，他向我展示了我可以同时成为音乐家与物理学家，并且鼓励我在物理学领域开创自己的一片天地。然而，我依然纠结于我的选择是否正确。为了消除自我怀疑，我必须找到某种方法，让我同时钟爱的音乐与物理能互相交流。卡普兰办公室里爱因斯坦与柯川的画像相对而立的画面一直深藏在我的脑海中，这代表着物理学与音乐之间的对话，而那就是我未来的生活。

在大学里，事情又有所变化。我主修了物理学，走上了职业物理学家的道路。虽然我也修了少量的乐理课，但实际情况是，在大学里我投入到音乐上的精力很少。直到读研究生时，我才真正开始探究音乐与物理学之间的联系。

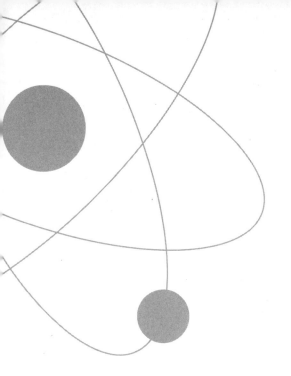

02

寻梦物理学，
无所畏惧地向最难的问题发起进攻

The　Jazz　of　Physics

利昂·库珀教授与我同在纽约，他是诺贝尔奖获得者、"库珀对"（Cooper pair）概念的提出者之一。那时，这位物理学天才站在我所在班级的最前方，身着得体的意大利西装，一头卷发修剪得无比精致（图2-1）。在他的高等量子力学课上，学生们一脸敬畏地看着他随手在黑板上画出费曼图。

图2-1　库珀教授在布朗大学

注：左一为库珀教授。图片由美国物理学会埃米利奥·塞格雷视觉档案、W.F.麦格斯诺贝尔奖获得者纪念展友情提供。

量子力学在特定的最小亚原子尺度上描述宇宙（图 2-2），在这个尺度上，构成宇宙的"物质"同时具有粒子和波的特征。能量和物质同时具有粒子性与波动性。你明白了吗？没有？没关系，大多数物理学家也不明白。这是一个抽象的、反直觉的理论，那些描述它的方程盘根错节，极为复杂。1948 年，理查德·费曼（Richard Feynman）找到了一种更好地理解量子力学的方法，后来他因在量子电动力学方面的贡献获得了诺贝尔奖。他提出了简单又直观的费曼图，完全改变了物理学家处理复杂粒子相互作用的方法。费曼还因他广泛的兴趣，追求真正的生活之乐，以及简化概念并清楚明白地传达给学生的教育理念而闻名。他可以让物理系的年轻学生理解最艰深的理论，而费曼图表明，他也可以让那些成名已久的物理学家理解这些理论。

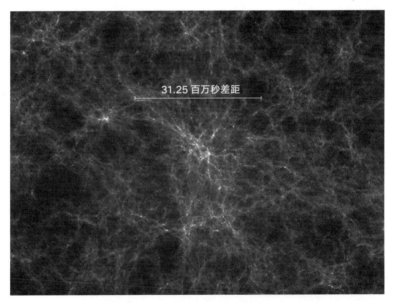

31.25 百万秒差距

图 2-2　宇宙中的大尺度结构

注：图中的每个点都对应着一个星系，而图中共有约 10 亿个星系。图片由加州理
　工学院的杰米·博克（Jamie Bock）提供。

库珀站在黑板前，面露迷人的微笑，寥寥几笔就画出了一幅图。那些直线、曲线和螺旋线，那些向前或是向后的箭头，那些诸如电子、正电子和夸克的大量粒子符号迅速地出现在黑板上又很快消失。最终，费曼图（图 2-3）出现了，它描述了电子及其反粒子湮灭过程中的量子动力学。我似乎看到能量与物质如粉笔一般洁白，而黑板就犹如浩瀚的宇宙，能量和物质匆匆地出现又迅速消失，从一种形式变成另一种形式。库珀是一位物理学大师，跟随他学习物理学，就像一个篮球爱好者有幸能与迈克尔·乔丹（Michael Jordan）打一场球一样。

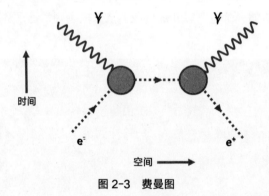

图 2-3　费曼图

注：一个电子（e⁻）与一个正电子（e⁺）彼此湮灭，并产生光子（γ）。

库珀的诺贝尔奖之路

1957 年，27 岁的库珀与约翰·巴丁（John Bardeen）、罗伯特·施里弗（Robert Schrieffer）一道，成功破解了一个存在了 40 年的谜题，解释了一种被称为"超导"现象的量子力学机制，并因此获得了诺贝尔奖。

库珀的诺贝尔奖故事始于 1911 年。当时，荷兰的实验物理学家海克·卡末林·昂内斯（Heike Kamerlingh Onnes）发现，当把金属的温度降低到接近绝对零度（-273.15℃，理想状态的可能最低温度，在这个温度下系统的能量为 0）时，电子会无阻力地"流过"金属。这一发现震惊了科学界。在一般情况下，电路中的电流是电子相对于导体固有电阻的流动，它与摩擦力使路面上的车轮减速的原理类似。因此，对电子流不具备阻力的材料被称为超导材料。这就像路面情况发生了突变，车轮可以在绝对光滑且无摩擦力的表面上完全无阻力地滚动一样。从此，超导材料被应用于诸多技术领域，其中很多都是基于电流与确定电流产生的磁场之间的密切关系。

在 20 世纪初期量子力学出现之后，很多伟大的物理学家（包括爱因斯坦）都试图找到超导性在微观层面的理论基础，然而都失败了。超导性的量子力学图像并不存在。库珀凭借着自己与生俱来的对物理学的敏锐洞察力，提出了"库珀对"的概念，揭开了超导性的量子力学秘密。在一般情况下，单一电子在金属导线中流动时之所以会遇到阻力，是因为它们之间彼此排斥，就像橄榄球或足球比赛中防守球员干扰带球者的运动一样。然而，库珀指出，通过利用电子的波动性，它们可以"结对"，这就改变了它们在金属中彼此排斥的性质，并可以让它们无阻力地传导。

量子化后的超导性意味着只存在离散能量，而没有连续的能量流，所以离散能量同样很重要。当库珀、巴丁和施里弗发现了超导性的原理之后，其他人就可以将其应用于众多领域了。超导性是核磁共振技术（MRI）的核心理论，在医学影像上，核磁共振技术常被用来探究解剖形态和功能。在某些情况下（比如肿瘤探测），X 射线扫描还不够精确，而更精确的方式需要均匀的强磁场。超导体中的强电流可以产生强磁场，而强磁场正是核磁共振扫描所需的。此外，超导量子干涉装置（SQUID）可用于探测极端微弱的磁场，例如在生物学领域，它被用于测量大脑中的神经活动，或是微小的生理变化所产生的其他弱磁场，比如胎儿的心脏。

磁悬浮列车是基于迈斯纳效应（Meissner effect），而后者是超导体的直接结果。磁场与电流之间的相互作用意味着磁场会对电子产生作用力，从而阻碍电流的流动。超导体不会对电子流产生阻碍，它会排斥外部磁场，以保持电流的无阻碍流动。因此，如果你把一块磁铁放在超导材料上方，材料中的超导电流会拒绝磁场进入其内部，这就会产生强烈的镜像磁场，让磁铁飘浮在半空中。磁悬浮列车的轨道完全由超导体铺就，以磁铁为原材料的火车"轮"会产生迈斯纳效应，让列车飘浮起来。这种效应在希格斯玻色子的发现过程中发挥了关键作用。实际上，希格斯玻色子就是超导性的表现形式之一，只不过超导介质是空无一物的空间本身。这些成就紧随库珀及其侪辈做出的突破性发现，但这只是库珀成为我心目中的英雄的部分原因。

成为物理学家

在高中学习快结束时，我已经阅读了维尔纳·海森堡（Werner Heisenberg）关于矩阵力学的著作。海森堡是量子力学的奠基人之一，他因提出了量子力学中的基本原理——不确定性原理而为大家所知。我也读过史蒂芬·霍金（Stephen Hawking）的《时间简史》（*A Brief History of Time*），霍金是一位宇宙学家，以研究黑洞发出的辐射而闻名。我还通读了《别逗了，费曼先生》（*Surely You're Joking, Mr. Feynman!*），这本书节选自费曼多姿多彩的生活。阅读一切我所能找到的有关物理学的书籍，让我在布朗克斯的成长生涯里，从多数人眼中"无比黯淡"的未来之中挣脱了出来。

怀着成为一位物理学家的梦想，我进入了大学。在面对物理学专业的严苛要求时，我却觉得自己完全没有准备好。我经常盯着某一页书达数小时之久，反复阅读某一段话或是一组方程，直到那些概念慢慢地渗入我的脑海。为了应付冗长的考试和实验报告，我几乎把咖啡当成了主食。在本科阶段和研究生阶段早期的大部分时间里，我都觉得自己是一个来自布朗克斯的十分愚笨的特立尼达人，梳着一头发辫，与周围格格不入。

在努力成为一个物理学研究人员的过程中，我甘愿忍受多年的自我怀疑和同僚的看低。在本科阶段，我学会了巧妙地使用各种方程来描述我周边的世界。那些物理概念虽然非常有趣，但难于理解，因而令人沮丧。我常常在心里问自己："为什么宇宙中会存在大尺度结构，而非空空荡荡、一片鸿蒙？"这完全是我的好奇心作祟，但这个问题令我寝食难安，就像小时候弹奏钢琴时，我的注意力会离开乐谱上的音符，转而去思考音乐存在的意义，以及为什么它会让我产生我所体会到的感受。后来，通过研究量子理论，我慢慢找到了探究这个物理学基本问题的关键。

非常幸运的是，在我读了两年硕士研究生之后，那位神奇的量子大师库珀破格接收我作为博士研究生进入他的科研小组——库珀组。我非常震惊，我的梦想就这样实现了。随着我对库珀的了解的不断加深，我发现他是一位既不受任何分支学科限制，也无法用任何分支学科来定义的理论物理学家。在追求自己理想的过程中，他和费曼一样，不受条条框框的约束，敢于怀疑一切。他满怀热情地与其他学科的教师一起授课，仿佛这种合作以及思想之间的交流已经铭刻了他的血液之中。我从库珀那里学到的最有价值的一课，就是把一个学科的概念移植到另一个学科是一门艺术。通过将一个领域中的已知理念和另一个领域中的待解决问题进行类比，我们就可以做出新的发现，并开辟一条崭新的探索之路。在我进入库珀组后参与的第一个项目中，这种类比法的魅力就展露了出来。

库珀喜欢研究那些有趣的、看似无法解决的问题，无论它们属于哪一门学科。他会无所畏惧地向最难的问题发起进攻，甚至会修正其他领域中长期存在的错误概念和范式，譬如辐射生理学、神经科学和哲学。在我加入库珀组的那段时间，库珀正在研究神经科学，所以我的物理学研究生涯是从研究大脑开始的。谁能想到，计算神经科学会把我变成一位宇宙学家呢？

当时，库珀正在尝试构建一个基于神经网络的记忆相干性理论。神经网络的一个经典例子是霍普菲尔德模型（Hopfield model），它阐释了联想记忆的工作机制。有趣的是，霍普菲尔德模型并不是源自神经科学，而是源自量子力学机制下的磁理论，更确切地说是以德国物理学家恩斯特·伊辛（Ernst Ising）的名字命名的"伊辛模型"（Ising model）[1]。

想象一个关于磁铁的简化模型，模型中，某种金属（譬如铁）的原子等间距地排成阵列，阵列中的每个原子都由一种被称作"自旋"的性质来确定。量子的自旋和陀螺的自旋很相似。与陀螺不同的是，量子的自旋只能取两个数值中的一个——它要么向上，要么向下，因为原子的自旋是量子化的。原子的自旋不能取一系列任意的值，而只能取这两个量子化的或者离散的值——上或者下。

在这个模型中，任何带电粒子（无论带正电还是负电）只要具有自旋，都可以产生磁场。到目前为止，所有单独的原子都可以用它来描述。然而，当原子结合成一个有序的整体时，它们的相互作用就会形成新的物理现象，一些科学家称之为"层展现象"（emergent phenomenon）。如果所有原子的自旋指向相同，那么它们就会结合起来形成一个净磁场。在正常情况下，这不大可能发生，因为在室温下，环境中的热能足以搅动原子，使它们发生翻转，于是它们的自旋便会随机地选取方向，而不会形成净磁场。

原子与其周边原子之间的效应被称为"相互作用能"（interaction energy），这是一种被储存起来的能量，科学家称之为势能（potential energy）。与物理学中所有形式的势能一样，自然界总是倾向于使其数值变得最小。例如，当你拉紧一根橡皮筋时，它的势能会增加。当你松开它时，它就会啪的一声弹回到原来的位置，把势能消耗掉或者转化为动能。这是一个让势能变得尽可能小的过程。

费曼图阐明了量子粒子之间的相互作用。为了便于理解物理学中的复杂情况，我们引入另一项工具——数学。数学就像一种新事物，它超越了物理感觉的范畴，让我们得以理解那些仅凭自己的认知或直觉所无法理解的事物。事实上，物理学中的许多领域都是高度反直觉的，其他科学（比如化学和生物学）的诸多方面也是如此。若想了解它们所遵循的一致且可理解的规则，我们就必须通过数学来扩展感知。在原子、自旋与磁化的情形下，我们可以用数学来阐释复杂原子系统的行为，具体方法是：先凭直觉来陈述理念，再用数学将这些直觉形式化。我们先从数学的角度来看看库珀的研究中所使用的磁化的伊辛模型。这些细节值得我们花费一些时间，因为其中的许多理念在本书的后续章节中会多次出现。

自旋的数学理论将展示相互作用能（E）如何作用于模型中的原子。当某个原子的自旋发生了改变，与之相邻的原子的自旋会如何变化呢？我们任意选定一个原子 i，用一个正整数来标识。例如，$i=1$ 是 1 号原子，$i=3$ 是 3 号原子。我们将 i 号原子的自旋记为 S_i。于是，$i=1$ 指定了 S_1，也即 1 号原子的自旋，余者类推。与 i 号原子相邻的原子的自旋是 S_i+1。如此，$i=1$

表示原子 1 的自旋 S_1，以及与之相邻的 2 号原子的自旋 S_2。

当相邻原子的自旋相同时，i 与 i+1 要么同时向上，要么同时向下（图 2-4）。我们凭直觉就可以判断，当二者同向时，它们之间的相互作用能会减少。

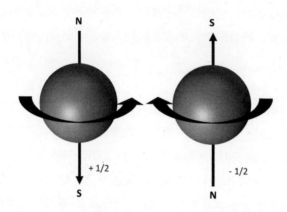

图 2-4　量子自旋的方向——"向上"态与"向下"态

当相邻原子的自旋异向，也即 S_i 向上，S_i+1 向下，或者 S_i 向下，S_i+1 向上，二者之间的相互作用能就会由于异向自旋之间的"绷紧"而增大。我们可以想象两个正在讨论问题的人，如果他们意见一致，那么可供讨论的问题就变少了，所以互动就减少了；如果他们意见不一致，那么他们就会有更多的交流，并试图改变对方的观点。

在数学上，如果我们把"自旋向上"视为正的，把"自旋向下"视为负的，当把这两个自旋结合时，就可以用 S_i 乘以 S_i+1，从而得到正的或者负的结果。可能的结果总共只有 4 种：二者都向上，即 1×1=1；二者都向下，即（-1）×（-1）=1；第一个向上而第二个向下，即 1×（-1）= -1；第一个向下而第二个向上，即（-1）×1= -1。对于任意一个粒子对而言，如果它们的自旋同向，那么其乘积为 $S\_i \times S\_{i+1}=1$；如果它们的自旋异向，其乘积为 $S\_i \times S\_{i+1}= -1$。因此，只要知道值的正负，我们就可以推断出两个原子的自旋是同向还是异向。仅两个数字就揭示出了确切的物理信息，而我们则有了第一个用数学表示的原子自旋模型。

在磁化的伊辛模型（图 2-5）的创建过程中，我们凭直觉确定了，当两个相邻原子的自旋同向时，其相互作用能会减小，而当它们自旋异向时，相互作用能会增大。然而，整个原子阵列的相互作用能具体减小或者增大了多少还有待确定。

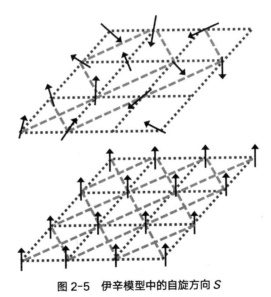

图 2-5　伊辛模型中的自旋方向 S

在写出方程之前，我们先回顾一下模型中的元素：

- 样本是一块金属，比如铁，它的所有原子排成一个阵列。
- 样本中的每个原子要么自旋向上（1），要么自旋向下（-1）。
- 如果相邻原子的自旋同向，那么相互作用能（E）就小（其数值为 1，因为 1×1=1，（-1）×（-1）=1。
- 如果相邻原子的自旋方向相反，那么相互作用能（E）就大（数值为 -1，因为 1×（-1）= -1，（-1）×1= -1。

把系统中所有同向和异向的自旋加起来，我们就可以得出描述粒子之间相互作用能的完整方程：

$$E = -J \sum_i S_i S_{i+1}$$

E 是粒子之间的相互作用能，它等于 $S\_i×S\_i+1$，自旋同向时取 1，异向时取 -1。西格玛符号（$\sum$）的意思是把所有的同向、异向对 i 求和，从而得到整个体系中同向和反向的数值。请注意，如果它们全部同向，那么最终的和就是一个很大的正数；而如果全部反向，和就是一个很大的负数。

J 表示由所有的同向、异向共同确定的和所决定的相互作用能。J 越大，自旋之间的相互作用能就越大。例如，如果 J=0.1，而所有同向的和恰巧是 400，那么能量值就是 40。最后，负号意味着，自始至终我们都认为同向会减少作用能、异向会增加作用能，所以在这个例子中，相互作用能是 -40。

当相互作用能由于异向自旋而增加时，单一同向原子产生的小磁场是受限的，所以金属不会对外产生磁性。但是，如果相互作用能因为大量同向自旋而减少时，小磁场的积累效应便会叠加起来。总之，最小能量的状态对应着自旋全部同向的状态，在这种情况下，物质会产生磁场，并因此变成了磁铁。势能也会变得最小，相当于橡皮筋处于最初的位置。当磁性最强的材料铁原子自旋同向时，它就变成了铁磁性材料，而描述铁磁性的数学模型就是伊辛模型。

探秘伊辛模型

伊辛模型的重要之处在于，它考虑了量子物理在确定金属能否成为磁性材料时的影响。当然，还可以加之于其他的外界条件，譬如外磁场存在时的情形，但我们现在不是为了探究磁性的内在机制，而是要阐释铁磁性的伊辛模型如何导出神经科学上的霍普菲尔德模型。让我惊讶的是，描述磁性的伊辛模型和描述神经网络的霍普菲尔德模型看起来完全无关，但前者竟直接为后者提供了灵感，所以这个类比十分贴切。

霍普菲尔德模型是神经元回路的经典模型。在伊辛模型中，金属中的原子自旋产生相互作用能，霍普菲尔德模型借用了这个理念，并将其重构为大脑神经元中可交流的相互作用，由此得到了一个神经网络系统。这个系统利用极其简单的规则和数学来有效地储存习得的记忆，这样我们就可以检索或者记起往事。粗略地说，我们可以把本地有关联自旋的岛屿的形状看作可以存储记忆的结构。

实验证明，神经元之间以"激发"的形式进行交流，也即在神经元连接处释放神经传导物质。这些连接处被称为突触。通过引入两个神经元之间的相互作用"强度"（相当于伊辛模型中的 J），约翰·霍普菲尔德（John Hopfield）把这种复杂的传输过程简化了。不过，在霍普菲尔德模型中，事情并没有这么简单。在伊辛模型中，自旋只与最近的原子发生相互作用，但在我们复杂的大脑中，所有的神经元都彼此相连。伊辛模型中的自旋和霍普菲尔德模型中的神经元激发才是关键的类比。如果神经元的数值是"向上"，那么神经元就激发了一个电化学信号；而如果神经元的数值是"向下"，那么神经元就没有被激发。

对于彼此连接的神经元晶格的全部"状态"，霍普菲尔德提出了一个方程，并把它类比为存在相互作用的铁原子阵列的总能量。支配着伊辛模型的数学原理也支配着霍普菲尔德模型：两个同时被激发或者同时不被激发的神经元会增加关联状态数，而表现相异的神经元则会减少关联状态数。我们只需把表示自旋的变量 S（S_i，S_i+1，……）替换为神经元变量 n（n_i，n_i+1，……）即可，因为两个模型几乎是相同的。

$$E = \sum_{ij} w_{ij} n_i n_j$$

根据大脑中神经元的关联度，我们为每个神经元对引入分立的不同数值，以代替原来的每对粒子改变总状态的单一项 J。这个模型中的新变量是神经元 i 和神经元 j 之间的权重 w_{ij}，它决定了一个特定神经元 i 与它的相邻神经元 j 之间相互交流的强度——连接两个神经元的突触的效能。我们设定这些关联强度是霍普菲尔德模型的核心。这个阵列可以形成诸多截然不同的状态，这些状态在数学上由整个阵列的关联强度模式决定。

这个类比有其局限性，毕竟人类的记忆显然比一块磁化的金属更为复杂。[2] 人类有鲜活的生命，可以自我控制。基于这些模型的神经网络也可以不断学习。在库珀实验室中，我的工作是研究无监督神经网络，它们是那些神经网络的延伸。霍普菲尔德网络必须通过学习才能训练自身的突触识别模式，相比之下，无监督网络可以进行自我训练，以习得新的记忆。当待处理的数据非常多，而又没有事先给定分类方法时，无监督神经网络就派上用场了。这个网络假定了一种能识别这些数据所属的自然类别的智能程序。通过无监督学习来进行"数据挖掘"的海量数据库的例子有很多，比如人造卫星图、股票交易图和推特上的推文等。在把一个领域中的概念引入另一个领域方面，霍普菲尔德模型是一个经典案例，而它也解释了为什么我从事着神经科学研究，最终却拿到了物理学学位。

在库珀组工作的过程中，我发现了两件重要的事情。首先，观察两个领域中的相似模式，并将其中一个领域中的模式应用于另一个领域，这一过程展现出的价值与美令我永生难忘。跨领域应用类比不只是纯粹的科学，更是一门艺术。在音乐中也是如此，尤其是当不同的音乐传统混合在一起时。例如，柯川就曾将其他文化中的乐器融入爵士乐传统，他巧妙地把印度拉格（Raga）[①] 系统融入自己的即兴演奏，后者因此变得极为有趣，因为一些印度音阶与莫达尔爵士乐之间有着许多相似之处。这种融合在柯川的著名歌曲《我的最爱》中也出现过。其次，我发现这些类比总有其局限性，不过，正是它们的局限性为新的见解和发现提供了生长的土壤。在霍普菲尔德模型中，把神经元看作磁铁中的一个具有自旋的量子就是一个有用的类比，它为神经科学家提供了物理学家最初计算磁性时所使用的计算工具。当然，这种类比并不完美，因为神经元是以一种远比金属中的自旋更为复杂的方式连接在一起的。由于这种局限性是众所周知的，所以神经科学家能把精力放在将电路的复杂性引入这个类比模型上，从而不断完善它。作为库珀组中的一个新成员，我曾经致力于为我正在研究的一类特殊的神经网络寻找一个新的类比。那时，我并不知道它将源自宇宙。

---

① 拉格是印度古典音乐中的旋律体系，被称为印度古典音乐的灵魂。——编者注

03

通向宇宙结构的所有河流

The Jazz of Physics

普罗维登斯（Providence）位于美国最小的州罗得岛州，它虽是首府，但也是一座小城。我曾在坐落于此的布朗大学攻读研究生。那里虽然与我从小生活的纽约有所不同，但两个城市中也有相似的场景，尤其是在帝国大街（Empire Street）上的 AS220 艺术中心。我有时会从研究生课业和科研任务中抽身出来，来到这个位于普罗维登斯市中心的爵士乐俱乐部。那时有一支名为"边缘"（The Fringe）的爵士乐队，由长号大师哈尔·克鲁克（Hal Crook）领导。奥尼特·科尔曼的自由爵士乐和克鲁克本人那令人费解的作曲"算法"，在克鲁克天马行空的长号独奏中得到了完美结合。这激起了我重拾长号、自学爵士乐的热情。白天，我做着物理学上的各种计算，而晚上，我会参加爵士乐即兴演奏会。正是因为有了这段经历，那年夏天回到纽约后我才有幸加入了斯莫斯爵士乐俱乐部（Smalls Jazz Club），后来又进入了位于波士顿的沃利餐厅爵士乐俱乐部（Wally's Café Jazz Club）。在斯莫斯举行的音乐会对我的影响极大，因为身处其中与身在科学实验室的感觉并没有多大区别。斯莫斯是一家让人感到惬意的小酒吧，老板米奇（Mitch）曾是护士和教师，那里聚集了纽约最优秀的音乐家。我参加了通宵的爵士乐即兴演奏会，并从那些传奇音乐家身上学到了很多东西。我的老师莎夏·佩里

（Sacha Perry）教会了我多种转场独奏的方法 [1]。佩里常说："巴德·鲍威尔（Bud Powell）向我们展示了该怎么做，但是那些家伙却不愿意练习。"我的钢琴老师迪·达里奥夫人终究是对的。

爵士乐，通向实验思想的大道

在 6 年的研究生生涯中，我对演奏爵士乐的热情与我对物理学的热爱不相上下。在这种双重兴趣之下，某些强大的新事物开始茁壮成长。我加入了新成立的爵士乐队"集体"（The Collective），乐队不仅在 AS220 和其他爵士发烧友组织的都市音乐会上演奏，还在校园咖啡厅演奏，面向很多跨学科的特殊听众，我从中汲取了丰富的能量。一些听众并不关注音乐，还有一些甚至恼怒地转过身去。不过，大多数人还是融入了这种氛围。乐声让他们的大脑也"滴答滴答"地转动起来，进而冒出了一些新想法，或是有关爵士乐的东西，或是甚至于我而言很神秘的事物。在我看来，乐队中的每个人都拥有独特的视角。我慢慢地意识到，我的演奏中隐藏着双重驱动力：首先，我被激励着进行即兴演奏；其次，根据听众的反馈建立新的联系。二者都有助于我培养实验思维。

我很幸运，因为我的新导师、宇宙学家罗伯特·布兰登伯格（Robert Brandenberger，图 3-1）是一位爵士乐爱好者。他放手让我去创建属于自己的物理理念，鼓励我同时从事物理学与爵士乐的研究。每逢星期三，当我听着克鲁克的演奏时，新的物理理念便会不断地涌现出来。我会带着笔记本去看克鲁克的演出，并即兴创作方程与图表。当我沉入克鲁克错综复杂的长号连复段 ① 的海洋中时，节奏乐器组便开始自发地探索实验爵士乐并产生节

---

① 连复段：短小、独立的音乐乐句。在摇滚和重金属音乐中很好辨识，是一首歌曲的支柱，节奏、旋律与和弦均来源于此。——编者注

奏。每次我上台演奏时，布兰登伯格都会出现在台下，还带着一沓物理学论文和未完成的计算工作。

布兰登伯格不仅擅长于构造量子场论，对许多技术问题（像蒙克对乐理的贡献）也有着极深的了解，比如支撑着爱因斯坦的广义相对论的微分几何。然而，他并没有把自己局限在数学的框架中。与蒙克应用他那些生硬的旋律主题一样，布兰登伯格会用自己的理念来构造理论，即便这些理论乍看上去非常奇怪。

当布兰登伯格和学生们聚在一起时，感觉就像是在斯莫斯爵士乐俱乐部上演的一场即兴演奏会。他会与学生们展开小组形式的自由讨论——某个学生可能会提出一个想法，虽然这个想法可能毫无意义，但他总能以更加层次分明的形式重述该想法。通过这种互动，学生能即时地从这位大师身上学到有用的东西。通过模仿他，我们获得了更充分地表达自己的想法所需的直觉和技能。

图 3-1　罗伯特·布兰登伯格教授

注：图片由克里斯蒂娜·布克曼（Christina Buchmann）提供。

在布兰登伯格的广义相对论课上，我终于明白了玻璃柜里那些出自爱因斯坦之手的神秘符号的意思，也知道了在丹尼尔·卡普兰办公室看到的那本巨著《引力》中的秘密。

宇宙大尺度结构如何而来

布兰登伯格在研究生中很受尊敬，并以"可以向他提出任何问题的教授"而为人称道——无论那些问题看上去多么愚蠢，他都能使其变得有意义。布兰登伯格和我都酷爱喝咖啡。一天，在普罗维登斯一家我们都很喜欢的咖啡馆"海洋咖啡"里，我问他："宇宙学中最重要的问题是什么？"我正在搜集这一类数据的案例，这些数据也许能应用于我在库珀组负责的无监督学习机制的研究。我本以为会听到类似"是什么导致了大爆炸"或者"物质的基本组成部分是什么"之类的答案，但布兰登伯格却陷入了沉思，足有两分钟之久。我一直在观察他思考时的样子：他笔直地坐着，低着头，修长的双手放在膝盖上，保持着一个略显笨拙但适于沉思的姿势。他的露指手套覆盖着衬衫袖口到手指尖的部分，遮住了他枯瘦的手腕。突然，他找到了答案。他迅速抬起头来看着我，像根本没有经过思索般脱口而出："宇宙中的大尺度结构是如何产生和演化的？""什么？！"我心里一惊，但并没有说出口，因为我知道最好不要急于向他发问。

那时，我的物理学知识还局限于地球之上的物质，比如量子物理和经典电动力学。直到布兰登伯格回答我的那一刻，我都没有意识到星系和超星系团是有组织的结构，更不用说它们可以告诉我们关于宇宙本质的真相，如宇宙是由什么构成的、是如何形成的。实际上，我甚至不知道宇宙学家的研究对象就是这些大尺度结构。我花了好几个星期来研究布兰登伯格提出的问题，然后就被深深地吸引了。如果在遥远的过去宇宙中是没有结构的（例如，在早期宇宙混乱、炽热的条件下），那么我们就可以理解现在的宇宙中的结构是怎么来的，以及是什么导致了将星系与恒星、行星，最终与人类连接在一起的宇宙自组织。

早在公元前2000年，占星师就在夜空中寻找星星随机分布形成的图案，以期能找到宇宙的规律和意义。在美索不达米亚、中国、巴比伦、埃及、希腊、罗马和波斯，人们发现了星座中的一个明显规律。然而，人类肉眼所见的部分极为有限。1608年，第一台望远镜在荷兰建成；1609年，伽利略对这台望远镜加以改造。它能探测到人类肉眼看不见的光线，这是通过透镜组的放大、聚焦效应来实现的。之后，人们用了800年的时间，努力建造更大的望远镜，以看到宇宙中越来越多的物体。最终，埃德温·哈勃（Edwin Hubble）发现我们的宇宙中还存在着其他星系。一个典型的星系是由数以百亿计的恒星构成的薄饼形结构，直径约为10 000秒差距 ①，绕着一个中心旋转，就像旋转的飞盘一样。

1920年，在哈勃做出他震惊世界的发现之前的几年，两位著名的天文学家哈罗·沙普利（Harlow Shapley）和希伯·柯蒂斯（Heber Curtis）就宇宙的尺度展开了一场"伟大的辩论"。在宇宙学历史上的这个关键时刻，还没有确凿证据能证明宇宙的大小。天文学家发现了一些神秘的螺旋状物体，他们称之为"星云"。根据沙普利的说法，那些星云只是我们星系中的旋转气体云。他认为，宇宙中只有一个星系，就是我们所在的银河系。而柯蒂斯却认为，

---

① 秒差距是一个宇宙距离尺度，1秒差距为648 000/π 天文单位，约等于3.26光年。——编者注

那些星云正是银河系之外的星系。

哈勃的发现终止了这场辩论，证实了我们的宇宙中存在着除银河系以外的其他星系，不过那时的宇宙学家忽视了一点，即这些星系存在于星系团之中，且延展到了亿秒差距的数量级上，但是这一事实并没有引起人们的广泛兴趣。即便在绘出了星系在更大距离尺度上的分布图很多年之后，对于星系分布中是否存在着有趣的组织或者更大的团结构，一些天文学家依旧不确定。

不过，玛格丽特·盖勒（Margaret Geller，图 3-2）是个例外[2]。盖勒从小就对图样感兴趣。童年时，她的父亲西摩·盖勒（Seymour Geller）就向她展示了自然界中的图样与物理学之间的联系。她父亲是一位 X 射线晶体学专家，主要研究物质的原子结构与其物理性质之间的关系。

图 3-2　宇宙学家玛格丽特·盖勒

注：图片由斯科特·凯尼恩（Scott Kenyon）提供。

当玛格丽特·当盖勒在哈佛–史密森中心从事天体物理学方面的研究时，她便特意去寻找星系在大尺度上的分布图，并勇敢地用自己的望远镜去探索遥不可及的空间。1989年，在一项与约翰·修茨若（John Huchra）合作发表的开创性研究的论文[3]中，盖勒绘制出了扩展到100亿秒差距数量级上的星系图！他们发现星系聚集成一个像墙一样的丝状结构，并称之为"长城"（图3-3），这是目前观测到的宇宙中的最大结构。这个结构首次表明，星系是自排列的。然而，正如布兰登伯格对我说过的那样，真正的问题在于这些星系是怎么形成的。

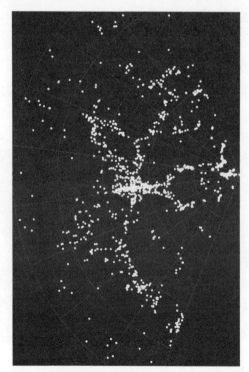

图 3-3　由盖勒和修茨若发现的"长城"的大尺度图

注：图片由玛格丽特·盖勒提供。

第一次看到盖勒与修茨若绘制的星系图时，我就觉得整个宇宙就犹如一个巨大的自组织网络。这个关于大尺度结构的课题也引起了我的共鸣，因为我曾在生物课上学到，一个生物系统的功能通常可以经三维结构展现出来。DNA 的双螺旋结构就是一个典型的例子，它揭示了基因的编码功能，以及蛋白质与 DNA 之间的相互作用。星系的大尺度结构是在辉煌之中，向我们展示事物为什么会像现在这样运作吗？

在现代技术的帮助下，宇宙学家像古人那样寻找着看似随机分布的星系的分布规律——不仅包括我们星系中数以百亿计的恒星，还包括整个宇宙中的星系的分布。这是一个如此"卑微"的追求。他们致力于寻找新的星系，并绘制出这些星系的位置，仅仅为了研究星系之间的"相关性"。

除了绘制和研究宇宙中星系的分布图，宇宙学家的工作还包括研究星系的动力学。大质量的星系具有巨大的引力，所以它们会彼此吸引，进而影响它们在空间中的运动轨迹。宇宙学家和天体物理学家发现，我们的宇宙正在膨胀。随着时空的膨胀，星系之间正在彼此远离，就像面包膨胀起来时，上面的葡萄干彼此远离一样。宇宙的膨胀速度随时间而变化，并在星系的形成和演化过程中，即它们形成并组织成大尺度结构的过程中起着关键作用。实际上，如果宇宙不膨胀，这些结构就不会形成。这是一个非常重要的事实。然而，当宇宙学家开始研究那些前所未见的超星系结构时，他们对结构本身的性质尚无法达成一致。一些人基于这些数据，坚信这些星系的集合呈丝状结构，就像一张蜘蛛网。另一些人则认为宇宙的时空构造呈气泡状结构，而星系就分布在这些气泡的表面。确定宇宙到底是哪一种结构至关重要，因为它能告诉我们，在宇宙的早期阶段，原初的恒星、星系和星系团形成的物理机制。

这两种观点造就了布兰登伯格对我"研究什么"这个问题的回答。对于宇宙学家之间的分歧，布兰登伯格觉得很遗憾。这是我第一次认真思索宇宙膨胀的问题，我想象着作为大质量自组织星系网络的最大结构的诞生和成长。我想出了一个准备问布兰登伯格的问题："为什么不能在大尺度结构数据上训练利昂·库珀新开发的神经网络，让它确定真正的结构是什么呢？"当然，我会以合作者的身份而不是学生的身份向他提问。事实证明，库珀的跨学科研究方法是可以传播的，之后不到一个月，我就加入了库珀和布兰登伯格合作的一个项目，这个项目旨在用无监督神经网络来检测大尺度结构。几个月后，我向布兰登伯格请教了众多问题。他也是一位研究费曼图的专家。对于电子与正电子彼此湮灭、立即产生光的点，我始终感到很困惑。我怀疑，在无限接近那个点时，我们需要无穷大的能量[4]，而我对这个结果感到不可理解。一天，布兰登伯格凭直觉知道了所有困扰我的问题驱使着我去往的方向，他对我说："啊哈……你想找到引力的量子理论，对吧？"后面我们会讲到，在基本粒子之间存在相互作用的最小尺度上，量子力学与引力的不相容表现得非常明显，而这被认为是基础物理研究中的一座"圣杯"。在那个学期期末，布兰登伯格成了我的博士生导师。宇宙结构的形成与演化问题是促使我开展研究的动力，带着这份动力，我开始探究量子引力与宇宙学的共同点。

我们的神经网络计划之所以从未完成，原因有二。第一，关于众多星系的数据太过庞大，若想厘清它们之间的关系，无监督网络需要高度依赖计算机算法与编程。越是应用爱因斯坦的相对论来研究宇宙结构的形成，我就越对仅仅依靠纸笔和咖啡来处理这些漂亮的方程入迷，而对在超级计算机上撰写成千上万行代码毫无兴趣。万事万物均在变化，如今，在物理理论方面，计算机在研究中扮演着越来越重要的角色。幸运的是，编程也变得越来越好玩。第二，其他的研究人员后来也产生了用神经网络来研究大尺度结构的想法。所以，也许这项计划终会完成。

从量子力学、磁学到神经网络，再到星系团，在不知不觉中我已经开始了冒险。我已经走上成为物理学家的路，而且沉迷于由无数星系编织而成的宇宙结构。在星系、行星和人类出现之前的早期宇宙中，亚原子粒子的海洋就已经存在，当我研究它时，我会回到量子力学上来，但那时我对此还一无所知。两者之间的联系就在那里，但我需要一块基石，也许是另一种类比法，来确定宇宙结构产生自量子物理的机制。这需要往前跨出一大步。毕竟，布兰登伯格认为这个问题是宇宙学中最大的谜题。是的，这的确需要迈出一大步。

《巨人的步伐》是爵士乐萨克斯手约翰·柯川即兴演奏的一首著名乐曲，这首曲子对和弦的影响是独一无二的，并且永远地改变了爵士乐。柯川是我最崇拜的爵士乐大师之一，他会如何看待今日的技术所揭示的宇宙结构呢？对于宇宙，他曾做过深入思考，并在自己的爵士乐创作和即兴演奏中尝试了各种结构（在后面的章节中，我们会讲到这些）。现在，我们先讲这个故事的另一面，即那些用音乐来解释宇宙的科学家的故事。古代的哲学家如毕达哥拉斯，早期的天体物理学家如开普勒，这些伟大的科学家仅凭直觉就知道，物质的产生和宇宙结构的演化背后隐藏着和声与音乐。他们的理论为今天我们所知的科学铺就了康庄大道，不过他们在音乐上的类比却与现实不符，所以他们未能更进一步。然而，我没有停下脚步，而且在这条路上我并不是孑然一身。

The Jazz of Physics

第二部分

音乐与那些科学家的故事

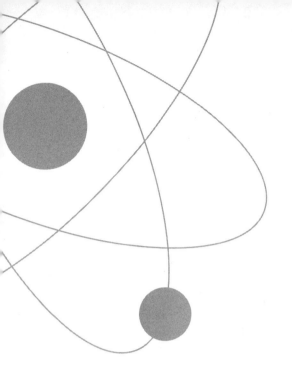

04

弦论，
审视美丽宇宙之声

在我研究生生涯的最后一段时期，超弦理论风头正劲。爱德华·威滕（Edward Witten）是这个领域的天才，我认识的所有从事理论研究的研究生都在研读他最新的论文。英国理论物理学家保罗·狄拉克（Paul Dirac）对量子理论做出了奠基性贡献，和狄拉克一样，威滕也有着世界一流的数学能力。他获得过菲尔兹奖（Fields Medal），还拥有和爱因斯坦一样的物理直觉。当你刚刚自认为抓住了他一篇论文的要点时，他可能又发表了一篇新的颠覆性的论文——这个理论已经经历了两次革命，第三次革命马上就要到来了。我们不得不逼迫自己努力跟上他的步伐，因为弦理论实在太令人兴奋了。它虽然在理论上是简单的，但在数学的推演上却极为复杂，为新的创造性理念留出了巨大的想象空间。

倾听宇宙的交响曲

乍看上去，弦理论似乎是反直觉的。在经典物理学中，一根真实的、正在振动的弦会产生整数频率的驻波。不断靠近弦，观察它的细节，你会发现它其实是由原子构成的。根据弦理论，如果你不断靠近一个基本粒子，观察它的细节，那么你会发现它是一根由能量构成的振动弦。在弦的世界里，弦才是最基本的元素。当你离它们够远时，它们才表现得像粒子。弦理论比量子场论更具音乐性，对此，加来道雄（Michio Kaku）曾做过精妙的描述："我们在自然界中看到的亚原子粒子、夸克和电子不是别的，正是一根小小的振动弦奏出的音符……物理学就是你可以给出的关于振动弦的和谐定律……宇宙则是由诸多振动弦共同演奏的一首交响乐。"[1]

那么，爱因斯坦在他人生的最后 30 年里慷慨激昂地写下的"上帝的思想"，又是什么呢？现在，历史上首次出现了一个"上帝的思想"的参选者，它就是宇宙之声。

基于弦理论的音乐本质，以及通过对音乐和声音的理解，我能仅凭直觉就迅速地掌握这个理论。此外，它还与我把物理学和音乐结合起来的期望高度契合。如果弦调好了，那就开始演奏吧！基本弦不同的振动方式可以产生不同的音符，这些音符可以转变成不同的粒子性质，譬如电荷、质量和自旋。此外，弦的特定振动方式能产生量子化的引力场，也即引力子（graviton）。至此，我们终于得以把引力引入量子物理。和爱因斯坦一样，许多顶尖的物理学家都曾试图将量子力学与引力统一起来，但他们都失败了。现在，一根简单的振动弦就优美地做到了这一点。

在"振动弦的物理学能给出所有传递作用力的粒子，以及所有基本粒子"的意义上，弦理论很自然地成了万物至理。不过，这种优美是有代价的。当弦理论学家开始探索弦的物理学原理时，他们获得了一些惊人的发现。在小空间中运动的弦与在大空间中运动的弦遵循同一种物理学，我们把这种性质称为 T 对偶（T-duality）。在弦理论的假设中，我们不是生活在四维空间，而是十维空间。即便在今天，强大的粒子对撞机和多种多样的太空实验仍在寻找这些隐藏的额外维。然而，在如今这个丰富的统一新世界里，似乎并不存在弦理论的唯一解。实际上，弦理论共有 5 种不同的版本。

在我研究生生涯的最后一年里，布兰登伯格召开了一场组会。20 世纪 80 年代早期，一些理论家致力于推动应用量子场论解决早期宇宙问题，他就是其中之一。在组会上，布兰登伯格告诉我们，他认为弦理论已经发展成熟，可以用来解决一些关于早期宇宙的问题了。我还记得他当时说："如果我们能通过弦理论找到暴胀理论的机制或者其替代理论，那就再好不过了。"对我来说，在接下来的几年里，我要做的事情已经很清楚了：深入学习弦理论，以探究宇宙暴胀到底是不是一个弦理论现象。

在离开布朗大学之前，我走进弦理论学家安托·杰维奇（Antal Jevicki）的办公室，然后关上门，问他："杰维奇先生，我想在博士后阶段研究弦理论，您能给我一些建议吗？"杰维奇带着他匈牙利式的笑容，说："整装待发，开始行动。"这场竞赛的获胜者将得到一份博士后研究员职位的合同，以及永久教职。作为一名博士后，你必须进行独立的研究，并在自己的研究领域取得一定的成就。在理论物理学领域，若想获得教职，必须做过博士后的工作。然而，很多科学家在获得永久教职之前都要经历 10 年炼狱般的博士后研究员生涯。这些研究职位的竞争极为激烈，而在顶尖的学术机构得到一份博士后研究员职位的机会更是渺茫。不久之后，我发现，在申请伦敦帝国理工学院博士后的 300 多名候选人中，只有两人最终得到了这份职位。由于我在研究生阶段的最后一年里独立完成的一些工作，我成了幸运儿之一。

因此，我最终还是离开了布兰登伯格，跨过大西洋，来到了伦敦帝国理工学院——欧洲理论物理学的圣地之一。那时，我天真地以为，在物理学领域，布兰登伯格和库珀推崇的"他山之石"与"即兴演奏方法"很普遍。然而，帝国理工学院却截然不同。作为一个新入职的博士后研究员，对失败和被轻视的恐惧在我的潜意识里慢慢滋生。与其他的博士后交流对我并没有什么帮助，尤其是我的舍友尤西·卡克基纳（Jussi Kalkkinen）。卡克基纳是一位优秀而刻苦的芬兰弦理论学家，他能把自己锁在办公室里进行马拉松一般的冗长计算，演算那些十一维的超引力方程。我曾尝试效仿他，但在两个小时的计算之后，我就坐在办公室里昏昏欲睡了。

物理之美，数学之美

当开始思考一名成功的博士后必须具备的能力时，我不禁怀疑，这个似乎主要是"闭上嘴，动笔算"[2]的领域是否真的适合我。很快我就感到有点力不从心了，因为其他博士后所掌握的技术与数学能力都比那时的我更强。所以，在理论研究中，什么才是最重要的呢？是技术，还是直觉？现在回想起来，当时困扰着我的是学界正在争辩的问题，即什么是理论物理研究中的"美"，而这是我在课堂上无法学到的东西。

史蒂文·温伯格（Steven Weinberg）是诺贝尔奖获得者、电-弱核力统一理论的先驱，在《终极理论之梦》（*Dreams of a Final Theory*）[3]一书中，他提到了狄拉克的一次演讲：

> 1974年，狄拉克来到哈佛大学，讲述他作为现代量子电动力学的奠基者之一的历史性工作。在演讲快结束时，他向我们研究生致辞，并建议我们关注方程的美，而不是意义。虽然对学生而言这并不是一个好建议，但在狄拉克的工作中，甚至在物理学的大部分历史中，对物理学中的美的追求始终是一个重要的主题。

我们可以理解温伯格部分同意狄拉克的说法的原因。温伯格曾应用纤维丛理论——一个有着极为优美的几何公式的理论，发现了电磁力与弱力实际上是一种统一的力，即电-弱力。他认为，学生不必严格遵循有关"不要回头去关注那些方程的意义"的建议。如果温伯格没有回头去追问他研究的那些方程和所做的计算的意义，那么他就不会获得突破性的发现，也就不可能因此获得诺贝尔奖。原来，温伯格将自己的方程用在了错误的物理学系统（强核力）中。他在诺贝尔奖获奖致辞中说："1967年秋天的某日，在驾车去麻省理工学院的路上，我突然意识到，我把正确的方程用在了错误的问题上……根据对称性自发破缺（Spontaneous Symmetry Breaking，简称 SBB）[4]的理论，弱力与电磁力可以被统一。"

那么，狄拉克所说的物理学中的"数学之美"到底是什么呢？许多物理学家认为，物理学之美是指它看起来有多优美。在词典中查阅"优美"（elegant）一词时，你会发现诸如"精练"（refined）、"高雅"（tasteful）、"雅致"（graceful）、"高级"（superior）等词汇。当一个方程简明扼要、直击本质时，我们就便认为它精练。当一个方程由数字、字母和符号等数学语言构成时，我们就说它高雅。当一个方程具有推导出其他方程的能力时，我们就觉得它高级。一个优美的方程是非常美丽的。

在物理学中，关于优美的一个绝佳例子是描述行星运动的方程。开普勒总结了三条极为精确的定律，可以用来解释行星绕太阳进行的椭圆运动。然而，其中缺少一个关键因素，即引力。于是，牛顿出现了。牛顿的万有引力定律表明，开普勒三定律可以由一个方程推导而来。相似地，在爱因斯坦证明了时间与空间可以统一成四维时空后，另一系列极为精确的方程，即描述电磁现象的麦克斯韦方程组，也可以从一个"母"方程推导而来。这些统一振奋了人心，因为它们简化了方程。

在随后的几年里，人们发现，大多数粒子都有与之对应的反粒子，这个发现催生了现今物理学中最重大的理论之———弦理论。弦理论的目标是建立一个框架，以容纳自然界中四种已知的基本作用力，它因此被称为"万物至理"。弦理论并不是唯一试图实现这种统一的理论，它虽然来源于基础粒子物理，但是基于狄拉克发现的粒子对称性，它尚未被实验证实。不过，弦理论的成功却凸显了人类对物理学之美的认识所面临的挑战。

具有数学之美的理论是非常迷人的，因为它为研究人员提供了一个舞台，他们可以在这个舞台上探索能够反映真实物理世界的虚拟现实场景。弦理论的优美不仅体现在统一量子力学与引力的目的上，还体现在具体的实现手段上。正所谓"千里之行，始于足下"，从一维振动弦的方程出发，我们可以推导出所有作用力（引力、电磁力、弱力和强力）的方程。此外，弦理论还有一个我认为非常美丽的特征。通过额外维（我们所处的四维时空之外的维度）的几何形状，弦理论为4种基本作用力和物质的存在提供了一种极为有趣的描述。

一个物理学理论无论多么优美，它都必须符合事实，而争论往往会围绕着一个理论做出的不符合预期的预言来展开。为了理论的自洽，充满对称之美的弦理论需要依靠额外维，有人据此认为弦理论预言了一个无限世界的存在。关于这一点，我们将在后面的章节中进行讨论。由于无限世界远远超出了我们的观测能力，也超出了大多数物理学家的常识范围，所以一些物理学家认为弦理论并不优美。尽管如此，这种追求对称性与数学之美的审美倾向，一直影响着现代物理学的发展进程。

与方程式"共舞"，在和弦变化之间"演奏"

作为一个年轻的物理学工作者，我对狄拉克与温伯格的天分以及两人对物理学的贡献无比崇敬，同时也将他们的建议铭记于心。然而，狄拉克为我指引的方向与我博士后工作需要面对的现实，以及我期望能在新的工作环境和同事交好的愿望相悖。总之，在离开了我在普罗维登斯的耗费 6 年时间建立的交际网后，我必须在帝国理工学院与其他博士后同事建立新的友谊和社交关系。我还记得在亨利·庞加莱研究所（Institut Henri Poincaré）参加一场理论物理研讨会时，一群博士后同事争论着一个弦理论问题，我则在他们周围晃来晃去。我兴奋地试图从一个思辨的角度切入话题，但其他博士后却继续相互讨论，仿佛我不存在一般。这给我上了一课：若想加入他们的讨论，我就必须拿出自己的真本事。你的方程呢？要想在这个球场上打球，我必须学会各种动作——这意味着我要进行一些数学方面的训练。这一切让我回想起了我参加过的爵士乐聚会，在那些聚会上，每个人的关注点都在于谁能完美地"演奏"出和弦的变化。

狄拉克想表达的意思非常清楚："工欲善其事，必先利其器"，闭上嘴，动笔算，你终将在这个领域取得成功。因此，我打算收起天马行空般的即兴演奏和类比思维，并尝试狄拉克的方法，看看从这些方程中能获得什么样的物理学发现——优美的数学到底预言了什么现实。我并不是一个人在战斗，实际上，我大部分同事都严格地遵循着这种狄拉克式的科研方法。博士后们紧闭房门，趴在桌上夜以继日地工作。我们在计算上花费了大量的时间，希望能解开一个通向颠覆性发现的谜题，或者至少得到一篇值得发表的论文。

我经常端着双倍浓缩咖啡走进办公室，继续计算超引力。在我博士后生涯的几年里，宇宙学研究的主要目标遵循着布兰登伯格所指示的方向，即找到早期宇宙中物理学运作机制之间的深层联系，以解释宇宙中的大尺度结构是如何演化而来的。科学家认为超引力就是这种理论，尤其是它的十一维版本，这个版本被称为十一维超引力。超引力有可能就是狄拉克梦想中的理论，因为它非常优美，仅一行方程就将曾经分离的引力方程和电－弱统一理论结合起来，后者是温伯格关于电－弱力的理论。大家都认为，沿着十一维超引力深入探索，就能找到更多隐藏着的具有简洁美的数学公式。当时我正在寻找超引力微观世界的一种隐藏形式，它关乎宇宙中的大尺度结构的形成。

超引力其实是爱因斯坦的广义相对论的一个版本，只不过它披着超对称的外衣。超对称把费米子与玻色子联系在一起，并把每个玻色子与费米子配对成"超对称粒子"。玻色子是传递作用力的粒子，比如传递电磁力的光子。而费米子既是构成物质的粒子（比如电子和夸克），又是这些亚原子粒子的反粒子。只要照照镜子，你就能明白超对称的运作机制了。由于你的身体是左右对称的，所以即便镜子把你的左半身与右半身颠倒了，镜中的你与他人眼中的你仍是相似的。在不影响物理系统行为的前提下，超对称就像一面镜子，把玻色子与费米子对调了。

从理论上讲，超引力不仅令人着迷，而且意义深远，不过我却被计算本身深深吸引，那些符号自带美感的同时，又共同呈现出震撼的视觉效果。那一刻，我的敬畏之情油然而生，时间仿佛回到了20年前，我又变成了那个站在自然博物馆里盯着爱因斯坦写下的符号的小男孩。只需提高或者降低某个变量的值，我的笔尖就可以操纵虚拟的几何世界。如果能得到一个偶然的发现，付出再多的努力似乎也是值得的。大量的项会相互抵消，方程因此变得更简单，纸上的方程和我的思维也瞬间变得更清晰了。有些时候，某个方程的形式会出乎预料地与某个已知的宇宙事实相对应，而我知道，在这种狄拉克式的努力之下，这些方程终将指向我们的宇宙。虽然偶尔能获得巨大的满足感，但这终究是一项艰苦的工作。在工作间隙，博士后们会边喝咖啡边抱怨自己的徒劳努力，有时也会兴奋地分享自己的"神恩时刻"，或者只是想喝点咖啡，以便让大脑满载着能量继续做计算。

我的目标是熟练掌握超引力，那种操纵方程的感觉总是让我感到很愉悦。时光飞逝，转眼之间，两年博士后时光马上就要结束了。在探究超引力和超弦理论如何揭示宇宙结构的秘密方面，我觉得自己并没有取得进展。虽然我在超引力计算上遇到了困难，但其他人似乎都在发表揭示超级世界中隐藏的数学结构的精彩论文。即便我很努力，但我还是陷入了自我怀疑的深渊。也许布兰登伯格和库珀会为有意阻止我进入数学的迷宫而感到抱歉，因为只有精通数学，我才能掌握在研究中取得进展所必需的技能。

一天下午，在一次休息时间过后，我收到了理论组行政人员格拉济耶拉（Graziela）的一封电子邮件。邮件中说，理论组的组长克里斯·艾沙姆（Chris Isham）博士想和我谈谈。我被吓到了，心想："他终于发现了，我就是个骗子。"我丢下正在进行的计算，慢慢地站起来，朝艾沙姆的办公室走去。一路上我都在嘀咕，他会不会把我看作小丑，并要求我离开他那声誉卓著的研究小组。

我第一次知道艾沙姆是在霍金的《时间简史》一书中，他是与罗杰·彭罗斯（Roger Penrose）一同出现的。艾沙姆、彭罗斯和霍金是同事，他们都是世界级的数学物理学家。艾沙姆身上笼罩着一层神秘的光环，并集合了独立、创造性的思维和超人类的数学能力，魅力十足。他在量子引力理论方面取得了关键性的突破，而量子引力理论试图统一量子力学与引力，也即"万物至理"。在20世纪60年代，艾沙姆是一位年轻的奇才，也是诺贝尔奖获得者阿卜杜勒·萨拉姆（Abdus Salam）的博士生。萨拉姆的突出贡献是提出了关于两种基本作用力的大统一理论，但这两种力不包括引力。

与霍金一样，艾沙姆也患有一种罕见的神经系统疾病，这使得他在一生中的大部分时间里都要承受难以忍受的痛苦。他非常高，在帝国理工学院的长廊里，你可以越过如潮水般涌出教室的学生，远远地看到他。他走起路来一瘸一拐的，身体微微斜向一方，有点儿像舞台剧中演员的动作。他在许多方面都令人钦佩，比如他很爱笑，风趣而幽默，经常提出建设性意见。一个帝国理工学院的学生与我分享了一个关于艾沙姆的故事。

在一个潮湿的冬日清晨，伦敦阴沉的天气让你一点儿也不想起床时，艾沙姆的举动却震惊了昏昏欲睡的学生，让他们亢奋起来。他突然宣布，要把推导了一半的公式倒着推回去。"这只是一个惯例而已。如果你能从右往左读，那为什么还要坚持从左往右读呢？"他狡黠一笑，如此问道。学生们从震惊中回过神来，也不再浪费时间做笔记了，都专注地看着他倒推公式。那天的课程内容是关于纤维丛的，那是艾沙姆当时最喜欢的课题之一。他总是能在课堂上深入浅出地讲解纤维丛。他身体里的每个细胞都装着数学，所以无论它朝向哪个方向——无论是朝前还是朝后、朝上还是朝下，对他来说都无所谓。

我走进艾沙姆博士宽敞的办公室，看到他正坐在一张倾斜着的扶手椅上休息，双脚翘在桌子上。他的双臂微微颤抖着，身后的黑板上写满了对拓扑理论（关于拓扑空间规则的极为复杂的代数操作）的说明。这些内容极多，一张 A4 纸是写不下的。看到我时，他微微一笑，也不浪费时间，直截了当地切入正题。"你为什么要来这里？"他问。我有些紧张地回答："我想成为一位优秀的物理学家。"艾沙姆接下来的话令我惊讶不已："那就别再读那些物理书了。你需要培养你的直觉，因为它是伟大的理论物理学家的灵感源泉。"仿佛他的科研能力还不够令人印象深刻一般，接着，他平静而认真地告诉我，他曾在梦中训练自己的大脑进行冗长的计算。那时的我还不知道他在对待精神和哲学方面的问题时态度非常认真。在告诉了我他的秘密之后，他又问我："你有什么爱好？"他在睡梦中（我只在晚上睡觉）施展的技艺让我目瞪口呆，我神思恍惚地答道："我会在晚上演奏爵士乐。"他沉默了一会儿，才道："你应该多多演奏音乐。我也唱歌，我发现音乐对激起直觉而言是一项很理想的活动。"说到这里，他停顿了一下。"看到这些书了吗？"他指着分析心理学创始人卡尔·荣格（Carl Jung）的著作全集问，"15 年来，我一直在学习荣格学派的精神分析学。你可以看看第九卷第二部分《伊雍：自性现象学研究》（*Aion: Researches into the Phenomenology of the Self*）。物理学研究自有其神秘的一面。你知道沃尔夫冈·泡利（Wolfgang Pauli）与荣格共事过吗？"

我并不知道，所以感到很吃惊。作为量子力学的奠基人之一，泡利被爱因斯坦亲自提名诺贝尔奖。泡利能迅速发现数学错误，且无法容忍毫无条理的理论，他的名言是："你的理论连错误都算不上。"他是狄拉克的忠实拥护者，且预言了一种难以捉摸的粒子——中微子的存在，而中微子被认为是一种不可忽视的技术力。我很难相信，泡利竟然会与心理学扯上关系，但我的想法很快就发生了转变。艾沙姆指着另一本书《从原子到原始型》（*From Atom to Archetype*），那是泡利与荣格在 20 年间的书信集。"书中提到，泡利从出现在梦中的一个符号得到启发，提出了泡利自旋矩阵。你想把这本书借去看看吗？"我不仅借走了那本书，还视它为珍宝，因为我刚刚获得了深刻的领悟。这是一个有待开发的新领域。我不再和理论组的同事一起在工作间隙喝着咖啡抱怨冗繁的计算，而是在波多贝罗路（Portobello Road）上的一家酒吧里一边小酌，一边阅读那些书信。

凭借艾沙姆给我的特权，我每星期都能与他讨论理论物理中的基本问题，我像他的弟子一般遵循着他的指示。我加入了一支爵士三重奏乐队，并在诺丁山（Notting Hill）的剧场里做了两场演出。我阅读了荣格的著作，并且告诉了艾沙姆我的想法。几个月后，我的新爱好就收到了成效。当时，我在一个项目上卡了很久。我试图把弦理论与宇宙膨胀联系在一起，也即宇宙在诞生后经历了一个快速膨胀（或暴胀）的阶段这一理念。一天晚上，我来了段萨克斯独奏，演奏曲目是约翰·柯川的《PC 先生》（$Mr. PC$）。中场休息时，我的脑海中出现了一幅图像，我知道它一定有助于解决我在项目中遇到的问题。第二天，我带着这个新发现醒来，匆匆跑到办公桌前，草草写下一些方程。这些方程与一个叫非对易几何（noncommutative geometry）的数学分支相关，而后者提出，早期宇宙中的光速是可变的。我与宇宙学家若昂·马盖若（João Magueijo）就这种新联系共同发表了一篇文章，后来这篇文章被引用了 100 多次。这虽然并没有让我离自己的超引力宇宙结构之梦更近一步，却证明了艾沙姆的方法对我来说是有用的。

在艾沙姆与布兰登伯格对我演奏音乐的鼓励之下，以及出于对他们追求数学的卓越与优雅的敬佩，我的狄拉克方法开始发生变化。与方程"共舞"变成了一个多层次的任务。在学习爵士乐的过程中，练习音阶和技术固然很重要，但走出去并与他人合奏也十分重要。即兴演奏是一种即时行为，练习它的唯一方式就是去公开场合演奏。我慢慢意识到，我在科研过程中忽略了这一点。我对狄拉克方法的理解太流于表面了。通过把我研究的问题和面对的挑战带入爵士乐演奏中，我发现自己就像一个正在玩沙盒游戏的小孩，丝毫不担心有没有犯错，或是显得傻不傻。在多年保有对物理学与音乐的热爱，却一直把它们限制在两个不同的领域之后，突然之间，音乐就激发出了我的数学直觉。我第一次发现，直觉也是一条通向新发现的大道。最终，泡利与荣格的交流使得泡利发现了物质的新性质和自然的新法则。自从进入大学以来，将音乐与宇宙学结合起来的想法就一直萦绕在我脑海里，而现在，我把它们从我的直觉中挖掘出来，直面它们，我发现它们并没有我想象中那么古怪。

与他人一起演奏音乐成为我科学实践的一部分，它也是一种研究方法，而且非常有趣。在夏日纽约的通宵爵士乐晚会上，我会随时进行物理计算。每到中场休息时间，当爵士乐迷们热烈地讨论音乐时，我会提到我的物理学研究，并且把它们与爵士乐联系起来。我采用的依旧是狄拉克方法，只是换了个环境而已。在这些音乐会上，我找到了一种做研究的新形式，我也因此变得玩心十足。我凝视着小号手与爵士乐独奏手换场，就像在看两个超对称粒子进行超对称反演。我永远不会忘记我曾告诉一位现在很有名的钢琴家他的演奏是几何的。一位次中音演奏者加入了我们的讨论，他说："虽然我听不懂你在说什么，但他的演奏真美！"

这里面有一个关键的几何概念，即等距，也就是一个点集中的任意两点之间的距离保持恒定不变。我所谓的钢琴独奏是"几何的"的一个简单例子，类似于在二维平面上取一个正方形，并滑动它。这个滑动的正方形与原来的正方形是等距的，因为四条边上任意两点之间的距离保持不变。而有些曲面是弯曲的，那么在这种曲面上移动正方形，即使再怎么做也无法保持它的四边之间的距离不变。通常，一位爵士乐独奏者会重复一段有旋律与节奏的组合，或是反复演奏即兴段，并且在全部12个调上演奏它——在旋律组合的音符之间，组合在不同调上的变换不会改变音符之间的距离。

几年之后我发现，当年在斯莫斯时，我试图在几何推理、对称性和音乐之间建立联系的想法并不疯狂。值得一提的是，在音乐和即兴演奏中，对称性与几何推理功能的使用有着惊人的相似之处。我们来看看史提夫·汪达（Stevie Wonder）的《你是我生命中的阳光》（*You Are the Sunshine of My Life*），以及德彪西（Debussy）的《帆》（*Voiles*）。这两首歌曲都展现了人类的共同情感中一些强有力的东西，当然，音乐本身也很美妙。两首歌曲都使用了对称的音阶，之所以这么说，是因为当你把它们画出来时，它们看起来是对称的。想象一下把 12 个音符写在圆周里：如果我们从 C 音开始，按顺序逐次向上走半步，持续 12 次，我们就又回到了 C 音。这就是 12 个音符的几何表示（一个其上分布着离散点的圆周）。

我们可以用线把这些音符连在一起。等边三角形是二维三边图形中对称性最高的，正六边形是二维六边图形中对称性最高的。在图 4-1 中，六边形上的音符为 C 音、D 音、E 音、升 F 音、降 A 音和降 B 音，它们共同组成了一个被称为"全音音阶"的对称音阶。它听起来像什么呢？你可以在《你是我生命中的阳光》的开头听到它，在歌唱部分开始之前，电子键盘会演奏出一些欢快的上行音符。在德彪西的《帆》中，全音音阶则是下行的。

我们可以创造诸如减音阶（一个正方形）等其他对称音阶。派特·马蒂诺（Pat Martino）是当今最伟大的爵士乐吉他手之一，他于 1980 年患上了致命的脑动脉瘤。手术拯救了他的生命，却让他患上了失忆症，他不得不重新开始学习吉他。巧合的是，他开发了一套基于两种"亲本类型"对称性的新系统，它们与吉他指板的几何结构天生相合。这些亲本类型或者说和弦仅仅是对称的增三和弦与减七和弦。马蒂诺做过许多演示，展示了母和弦生成一系列次级和弦的力量。

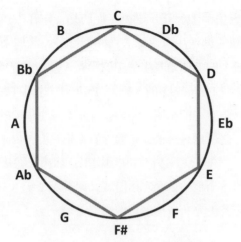

图 4-1　全音音阶的六边形对称性

与之类似的是，柯川也使用对称音阶作为他的专辑《巨人的步伐》的基础，关于这一点，我们很快就会进行详细讨论。柯川告诉戴维·阿姆兰（David Amran），他的一个关于音乐的简单理念是受到爱因斯坦关于相对论的著作的启发，这个理念就是对称性。我研究了柯川的曼荼罗，发现它具有强烈的对称性。基于惯性参考系之间的时空对称性，爱因斯坦提出了狭义相对论和四维形式的电动力学。此外，他还利用卷曲时空的对称性，证明了加速观察者与静止观察者之间的等价性。在统一且简化的对称性理念的基础上，爱因斯坦才得以成功表述那些复杂的、截然不同的物理学理念。

我曾有幸与马蒂诺交谈，他是一个慈祥的人，言语之间带着缜密的逻辑。他告诉我，他希望找到一个能迅速地执行他的即兴演奏理念和技术的系统。我露出了会心的微笑。"很多物理学家都渴望找到一种能解释众多现象的最有效的理论。"我说。马蒂诺和柯川都受教于已故的费城爵士乐吉他手丹尼斯·萨多拉（Dennis Sandole），萨多拉把对称音阶称为"八度音阶与三度音阶之间的等分"[5]，并将这个概念传授给了马蒂诺和柯川。然而，柯川和马蒂诺并没有意识到，对称音阶及其对称性破缺与物理学之间存在着深层联系。从对称音阶的对称性破缺中，我们可以一窥物理学的对称性破缺。

和弦往往涉及一个主音。例如，由音符C、E和G构成的C大调和弦，其主音为C。如果你演奏这个和弦，那么C音就将是你听到的最明显的音符，而G音与E音将会起到为C音增添和声并润色的作用。不过，对称和弦有多个主音，所以它听起来非常模糊，那些音符均匀地展开，并且归入不同的音调。例如，C全音和弦的5个音调：C音、D音、E音、升F音、降A音和降B音都是它的主音。由于存在这种不确定性，所以对称音阶在音乐中扮演着极为特殊的角色。几百年来，诸如拉威尔和巴赫等作曲家都用它来制造张力或矛盾感，通常出现在和弦转换的乐段。减音阶也是一种很常见的对称音阶，广泛存在于爵士乐，以及乔治·格什温（George Gershwin）和科尔·波特的作品中，它能创造两个具有主音的和弦之间的移动。

在图4-2中，左图展示了对称减音阶，右图展示了主音阶。如果你仔细观察，就会发现只要改变4个音符中的2个，减音阶就可以变成主音阶。在对称音阶中，不同的主音之间并没有层级之分。相比之下，非对称主音阶破坏了对称性，而且产生了层级，这就导致了主音的出现，也即大调和弦，其重要性高于音阶中的所有音符。早期宇宙中的非对称性就是通过类似的机制使早期宇宙结构产生层级的，我们在后面的章节中讨论这一点时，会回到这个重要的音乐类比上来。

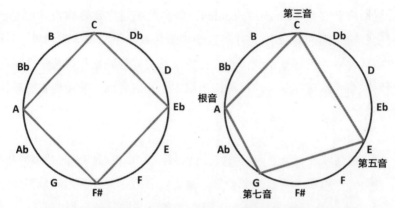

图 4-2　对称减音阶（左图）与主音阶（右图）的对称性破缺示例

在我读博士、做博士后，接着成为独立开展研究的教授的那些年里，爵士乐音乐家待在音乐学院里，花了上千个小时的时间来学习音乐理论和乐器。和其他物理学家在一起时，我通常会藏起自己对物理学与音乐之间的联系的好奇。然而，这并没有动摇我的信念。毕竟，狄拉克方法认为，数学（尤其是对称性的应用）促进了基础物理学的发展，而我则在斯莫斯的音乐晚会上亲身体验了音乐中的几何结构和对称性。此外，当我进行次中音独奏时，我的脑海中经常会闪现物理上的灵感火花。几年后，我欣慰地发现，那些致力于寻找美的人推动了物理学的形成，他们在音乐和数学的结合中发现了美，后人称他们为毕达哥拉斯学派。看上去，我已经远远落后于毕达哥拉斯学派了。

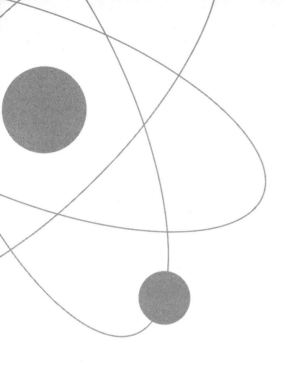

05

毕达哥拉斯之梦

在接受了多年的科学训练后，我试着把自己对音乐与物理学的热爱融合起来。我逐渐意识到，音乐的类比有助于物理学研究，而且物理世界具有音乐的特性。克里斯·艾沙姆与罗伯特·布兰登伯格是少数鼓励我结合二者的大师，除此之外，我感受到的压力使我不得不把这两个领域分别对待。于某些人而言，物理学是以数学表达的绝对真理，而音乐是一种表达情感的语言。如果我知道在科学史的早期音乐与天文学是密不可分的，那么这种压力也许就会烟消云散。在现代音乐家与科学家看来，这可能颇为荒谬，但是对缺乏现代科学工具的古人来说，音乐很自然地就成了宇宙结构和秩序的一个类比。

万物皆存在于数的和谐之中

　　和现代人一样，古人也会自问：我们从哪里来？我们在宇宙中处于何方？这种古人与今人面对死生之问、面对自然环境的考验时所生出的敬畏，以及随之而来的幸运或是不幸，都促使人类将自然人格化，并且崇拜"他们"，以平息自然的种种力量。从某种角度上说，创世神话正是这些因素的副产品。从创世神话到演绎法这种类科学的推理法的转变，可能始于 2 500 年前的毕达哥拉斯学派。他们致力于寻找数学和神秘力量的结合体，以理解天体运动及其与人类的关系。[1] 虽然就"宇宙是数学的"这一概念是起源于巴比伦王国还是埃及，科学界尚存在争议，但是提出"宇宙由数的和谐组成"的毕达哥拉斯获得了一致的赞誉。如果我在研究弦理论时就知道这段历史，那么在我的老师鼓励我将音乐与科学结合起来时，它就会提供强有力的支持。但是，跨学科学习太紧张、太少见，我一度对它的有效性产生了怀疑。现在回想起来，"百分之五"族在那时候比我所知的还要多一些呢。

毕达哥拉斯因他著名的毕达哥拉斯定理而广为人知。根据这个定理，在直角三角形两条直角边 a 和 b 边长已知的情况下，可以计算出斜边 h 的边长。

对于毕达哥拉斯是否应该因得出"$a^2+b^2=h^2$"这一公式而获得赞誉，学界尚有争议，但这并不是使他成名的唯一原因。很多人也许会惊讶地发现，他竟然还是西方音标方面的先驱。他通过数学演绎法来理解物理世界，并为数千年后物理学和天文学领域出现的突破奠定了基础。

传说中，毕达哥拉斯背井离乡，以寻找"神圣的知识"。他从爱琴海东部的萨摩斯岛（Samos）出发，游历了埃及和巴比伦王国，然后又返回故乡。在 20 年的旅程中，他进一步确定了自己的学说，即"万物皆存在于数的和谐之中"。他提出，行星的自转会奏出音符，他称之为"音"，其音高由行星的速度以及它与太阳之间的距离决定。当时，已知的行星共有 5 颗，毕达哥拉斯假设它们共同奏出"美妙的和谐"。他还认为，处于特定位置的行星和运动中的行星都在演奏"宇宙之歌"，而传说中，他可以听到"天体之声"。

于毕达哥拉斯而言，真理就存在于数字及其彼此之间的联系之中。数学能揭开宇宙的奥秘，宇宙的和谐只是数字之间的关系的一种表现形式。

据说，毕达哥拉斯在一家铁匠铺中顿悟。在不断重复的敲打声和金属之间的碰撞声之下，毕达哥拉斯突然领悟了现在所谓的"协和音"（consonant tone）。他敏捷的耳朵和数学头脑能捕捉到悦耳的振动，即音符，这是因为声音的振动与人耳的实际物理结构产生了共振，或者说两者同步了。通过询问铁匠，他发现锤子的重量正好是对半递减的。

毕达哥拉斯沉迷于探究宇宙可能具有的和声本质，并把这些比例应用到观察和公设中。他开展了一项实验：将许多根弦悬挂起来，弦被拨动时，会奏出各种音（图 5-1）。他发现，锤子之间的重量之比与弦长之比是相同的。虽然两者是不同的物体，材质也不同，但其中隐藏的数学与泛音是相同的。在此基础上，他做出了一项伟大的发现。当他拨动一根长度为原长一半的弦时，得到了一个相似的音，但频率更高，这就是八度音阶。经过重复这个拨动长度逐阶减半的弦的过程，毕达哥拉斯最终得到了西方音阶。弦长减半意味着它的频率翻倍。例如，220 赫兹的音符 A 的频率与 440 赫兹的音符 A 的频率的比例就等于 1∶2。在西方音乐中，这个频率的翻倍相当于升高一个八度音阶，也即从一个 A 音到另一个 A 音，或者在古典钢琴上提升 8 个调。我们会感觉到，音符虽没有发生变化，但音高却比原来的更高。

接着，毕达哥拉斯又拨动只有原本长度 1/3 的弦，发现它的振动是纯五度音阶，在 C 调中就是音符 G。在"猫王"埃尔维斯·普雷斯利的歌曲《情不自禁爱上你》中，音符 G 恰好是第二个音符："Wise(C)men(G)say(E)"。当弦长减到原长的 1/4 时，C 调上有了音符 F。这种模式在 1～5 之间的整数上都成立。协和音是由弦长的整数关系确定的，这证实了毕达哥拉斯所坚信的"万物皆数"是正确的，而且确实存在"天体之声"。

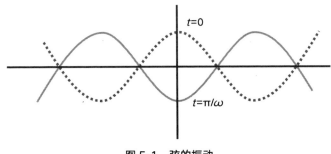

图 5-1　弦的振动

虽然毕达哥拉斯证明了弦长中小数字所占的比例会产生辅音，但产生这种现象的原因尚未找到，我们在后面将用一整章的篇幅来讨论这一点。他的发现不仅为后来出现的众多令人惊叹的音乐，比如巴赫、莫扎特和披头士乐队的作品奠定了基础，对理论数学与天体物理学来说也是一项极大的贡献。"万物皆数"是毕达哥拉斯的基本信念，在大约 3 000 年后，这成了研究现代理论物理学的人的口头禅。我发现，狄拉克就是一个毕达哥拉斯学派中人。

古希腊哲学家与天文学家认为，地球处于宇宙的中心——这就是"地心说"。毕竟，那时人们还没有发现万有引力，而且从表面上看，确实所有事物都往地球上落。地球周围都是完美的球体，它们主导着球形天体的运动，因此产生了"天体之声"。当时的人认为球形具有神性，并坚信球形是宇宙动力学和宇宙结构的本质，一切事物的存在都是为了维持这种状态。

时至今日，亚里士多德所推崇的完美宇宙模型依旧为人们所欣赏，无论是因为它的美，还是它的精确性。在此模型中，行星、恒星和月球全都嵌在绕地球旋转的水晶球上，而水晶球由他称之为第五元素的"以太"（Ether）构成。亚里士多德是柏拉图的学生，后者也是毕达哥拉斯学派中人。柏拉图将"天体之声"的数值基础扩展到了几何结构，并以自己的名字将其命名为"柏拉图多面体"（Platonic Solid）。除球体外，5 种柏拉图多面体是最特殊的几何结构，它们具有对称性、规则性和精确性。根据毕达哥拉斯-柏拉图哲学，这些完美的几何结构被认为是从人类所在的球体中自发产生的，就像完美的音乐一样[2]。所有这些凸多面体都是由同种类型的规则多边形构成的，每个顶点上相邻的多边形个数相同。立方体也许是最简单、最普遍的柏拉图多面体了，它由 6 个正方形组成，每个顶点上都有 3 个正方形相邻。其他的柏拉图多面体包括四面体（4 个三角形）、八面体（8 个三角形）、十二面体（12 个五边形）和二十面体（20 个三角形）。

柏拉图将这些多面体与土（立方体）、火（四面体）、气（八面体）和水（二十面体）这 4 种元素联系起来。由于没有元素与十二面体相对应，所以柏拉图究竟有没有发现全部 5 种几何结构就成了一个未解之谜。古代哲学家对宇宙中存在的美的迷恋，以及试图找到与之对应的精确的数学的尝试，促进了现代科学的形成。

从托勒密到牛顿，一场反直觉的探索

在亚里士多德之后的 400 年里，天文学观测变得越来越精确，人们开始重新审视旧的宇宙模型，那些古老的水晶球理论也遭到质疑。约公元 100 年，托勒密创造了著名的托勒密模型（图 5-2），以解释行星穿过夜空时表现出的明显的逆行现象。现在我们知道，从地球上看到的行星时而慢下来，并且逆向运动，像在天空中被阻滞了一样，这是因为它们在绕太阳运动，我们看到的实际上是它们相对于地球的运动。然而，存在完美球形模型的"地心说"，几乎不可能解释这种不规则运动。托勒密是一位富有创造力的天才，他竭尽所能地完善了托勒密模型。当时，人们仍坚信宇宙的神性和完美的圆是不可动摇的，所以他不得不在循环圆周中引入一系列圆周（或称本轮），以解释行星逆行现象和一些行星表观上的小椭圆运动。托勒密模型不仅极其复杂，而且极为反直觉，但它维护了古人的信仰。

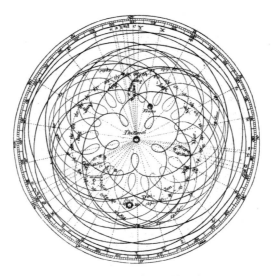

图 5-2　托勒密模型的图像

注：图片来自 Wikipedia。

大约过了 1 500 年，人类对自身知觉的自信才战胜了对神圣几何的信仰。对一介凡夫俗子而言，鼓起勇气与神对抗是极为艰难的，其结果并非每个人都能承受。让我们看一看 1054 年爆发的超新星吧。这是一颗极为明亮的爆发星，它生成了今天我们在天空中依旧可以看到的壮观的蟹状星云（图

5-3）。它突然出现在夜空中的已确定的恒星之间，并被中国人与阿拉伯人记录了下来。这是上帝创造的完美宇宙中出现的可变化的新事物吗？这是"天体之声"中出现的不和谐啊！虽然超新星很明显是一种反常现象，但人们依旧用了几百年的时间才推翻古老的标准。出生于15世纪晚期的哥白尼是一位波兰数学家和天文学家，他扔出了一颗石头，彻底颠覆了人们对水晶球、本轮和上帝（对某些人来说）的信仰。

图 5-3　蟹状星云

注：蟹状星云是一颗爆发星（超新星）的残留物。图片来自 NASA,ESA,J.Hester,
A.Loll(ASU)。

　　哥白尼用太阳取代地球，并认为太阳是宇宙的中心，所有行星都围绕太阳运动。行星的逆行是我们从地球上看绕太阳公转的行星的结果，而太阳在天空中的运动之所以会发生变化，是因为地球围绕太阳公转。他认为，正是因为地球在轴上自转，恒星每天才会在天空中移动。这是多么伟大的发现啊！他不仅准确地描述了所有要点，还认识到其他恒星距离太阳和行星都非常遥远，这就解释了它们运动的不同之处。"日心说"因此被尊称为"哥白尼革命"。也许是承受的压力太大，在提出"日心说"的同年，哥白尼就逝世了，在某种程度上，这也许是一种幸运。他没能活着看到他把上帝降级为一个旁观者的后果，那是一个更具人性和理性的世界。

大约在 1600 年，"观测天文学之父"伽利略做出了一系列伟大的天文学发现。太阳黑子、月球表面的陨石坑和金星的相位都是由他观测并确定的。他还对银河系产生了兴趣。银河系是一条神奇的星带，由密布的恒星和星际云构成。当我们凝视我们所在星系的中心时，会看到一条星带将夜空分为了两部分。伽利略最重要的成就之一，也许是发现了木星的 4 颗大卫星，现在它们被称为伽利略星。夜复一夜，日复一日，他一丝不苟地记录着行星在木星前后来回运动的方式，最终证明了那些卫星围绕着木星公转。这些观察结果本身就足以推翻"地心说"，并为哥白尼的"日心说"提供强有力的证据。与哥白尼不同的是，伽利略在有生之年一直捍卫着自己的理论，并为此被指控扰乱了神圣的秩序，余生都被软禁在家。虽然因为"妨碍上帝的存在"而受到了处罚，但伽利略与他的前辈哥白尼一起开辟了一条道路，永远向希望在所见之美下探索物理学而不仅仅是宗教推理的未来理论家敞开。

第谷·布拉赫（Tycho Brahe）是一位荷兰 [①] 贵族、天文学家，他在天文观测方面的成就与伽利略不相上下，但在信仰选择上更为保守。在一生中的大部分时间里，他都致力于发明观测仪器，并且逐步对天体的位置进行更精

[①] 疑为作者笔误，第谷是丹麦人。——编者注

确的测量。在那个时代，他无疑掌握着关于天体运动的最精确的数据。他虽然尊重哥白尼的一些几何论证，但并没有放弃"地心说"，并且坚定地支持托勒密学说。1599 年 12 月，他聘请了一位临时助手来帮助自己整理所有的数据，那位助手就是年轻的约翰尼斯·开普勒。一年之后，第谷猝然离世，为家人留下了大量巨细无遗的观测数据。最后，他的家人很不情愿地把那些宝贵的数据交给了他的临时助手——年轻的开普勒。

开普勒是第一位试图放弃神性、寻找行星运动的物理原理的天体物理学家（学界对此尚有争议）。他一生坎坷，母亲因为巫术差点儿被烧死在火刑柱上，而他 5 岁之后就再也没有见过自己那唯利是图的父亲，开普勒的妻子和三个孩子因为瘟疫与疾病相继去世。他童年时得过天花，这毁掉了他的视力，给他的手留下了残疾。虽然经历了各种悲剧，但当开普勒还是个小男孩时就开始了天文观测，看到了伟大而振奋人心的宇宙现象。人间的痛苦与不幸只会让他更渴望拥抱天堂。第一个重大事件是 1577 年出现的大彗星。它从地球附近掠过，全欧洲的人都看到了它，第谷也不例外。他正确地推断出，这并不是一个大气现象，而是出现在地球之外的一种事物。不久之后，开普勒观察到了月蚀，虽然他的视力很差，但他还是被月球的红色外表震惊了。从此，他将自己的心和剩下的视力都奉献给了天空。第谷良好的视力与他那不幸助手的短板形成了完美的互补。

开普勒是一位杰出的数学家、充满激情的天文学家和富有创造力的实验主义者，他敢于否定"地心说"和"完美球体"说，在整个学术生涯中始终坚守自己的信念，并对第谷毕生的工作给予了公正的评价。

一天，在一次关于天文学的演讲中，开普勒的脑中突然灵光一闪。在讨论行星运动时，开普勒猛然意识到，行星之间的距离并不是由偶然因素决定的，而是反映了毕达哥拉斯的"神圣比例"的观点。例如，就与太阳之间的距离来说，火星只有木星的一半，而前者会在一个比后者高8度的轨道上转动。虽然开普勒确信那些行星是按照"天体之声"运动的，但他并没有停止追问，就像现代科学家所做的那样。他想知道，为什么太阳系总共有6颗行星？为什么不是25颗或者3颗？那时，天王星和海王星尚未被发现。在经过数日令人沮丧的工作之后，开普勒得到了一个惊人的发现，即宇宙在数学比例上必然遵循着某种更深层的几何和谐。这一发现贯穿了他的余生。他认为，5种柏拉图多面体正是行星只有6颗的原因，它们还可以确定6颗行星之间的距离和各自的运动。

想象一个由柏拉图多面体构成的俄罗斯套娃。每个柏拉图多面体都可以被放进一个球壳中，多面体的每个顶点都能接触到球壳的内表面。通过这种方式，开普勒建立了一个模型，他在模型中设定了6个假想球壳，并把它们与6颗行星的位置对应起来。冒着被终身监禁的风险，他把太阳放在了中心，然后依次是水星、金星、地球、火星、木星和土星。它们的运动被限制在由柏拉图多面体分隔开的球壳内。1596年，他在《宇宙的奥秘》（*The Cosmic Mystery*）上发表了自己的研究成果（图5-4）。通过应用对称性与几何学，开普勒取得了非凡的成就，成功地解决了两个困扰了哲学家与天文学家两千年的基本问题。在26岁时，开普勒就指出了太阳系只有6颗行星的原因，并且几乎给出了它们的轨道。

然而，开普勒的观点并不全是对的。凭着惊人的直觉和数学才能，开普勒不断地完善着自己的方程和模型，并提出了一个意义深远的问题：在物理学上，到底是什么导致了行星环绕太阳运动？这又是另一个研究方向了。开普勒笃信宗教，最初希望从"三位一体"（Holy Trinity）的理论中寻找答案。上帝，也即太阳，居于中心；圣子是那些定星；圣灵散发出力量，或是力，以产生所有天体的运动。然而，这还不足以构成令他满意的解释。开普勒写道："可能的解释只有两种：第一种，挪动行星的圣灵离太阳越远，其力量就越弱。第二种，太阳周围只有一个圣灵，离太阳越近的行星，圣灵施加于它的力量就越强。"[3]他进一步推断，这种力量"与距离成反比，就像光的力量那样"。这是人类历史上首次将物理学推理的方法应用于天文学。开普勒正在慢慢解开一个巨大的谜题，在那些纠缠的未知之下潜藏着的是引力和光的物理学。他发现了圣灵和光在行为上的相似之处，即它们的力量都是离源越远越弱。开普勒还敏锐地意识到，太阳的"圣灵"是一种驱动行星运动的力，实际上，这就是后来被称为引力的力。然而，揭开行星绕太阳运动的秘密还需要更多的信息，而这些信息就隐藏在他已经掌握的数据之中——第谷在忙碌之中潦草地记下了详细的数据，这些数据揭示了火星的运动规律。

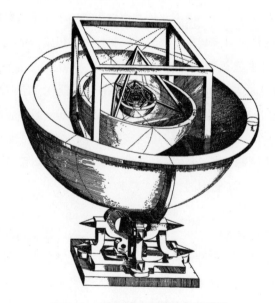

图 5-4　太阳系的柏拉图多面体模型

注：在《宇宙的奥秘》（1596 年）一书中，开普勒给出了太阳系的柏拉图多面体模型。

开普勒极为注重细节，他很快就意识到，第谷关于火星轨道的数据与自己模型的契合度并没有预期中那么高。严谨的数学肯定能解决这些细节问题。他想这可能要花几天时间，但他并没有望而却步。实际上，他花了将近8年时间才解决了这个问题。真正的问题在于，火星绕太阳运行的轨道偏离圆周太多，所以不可能用基于完美球体的模型来描述它。与之前的天文学家不同的是，开普勒最终放弃了他的柏拉图多面体理想模型，并本着发展的精神，转而采用了今日我们视之为现代科学方法的假说－检验法，以获得新的知识。那时，人们已经知道地球会释放出磁力，在此基础上，开普勒通过类比法，用来自太阳的磁力取代了圣灵。1605年，开普勒写道：

> 我忙于研究那些物理学原理。我这么做是想证明那些天体机器与神圣的生物没有关联，而只是钟表般的装置……几乎所有天体的运动都是通过一种简单到不能再简单的磁力来实现的，就像钟表一样。一种简单的重量决定了所有的运动。接下来，我还将展示通过计算和几何结构来表达这种物理概念。

虽然太阳的确具有磁力，而正是磁力催生了伽利略所观测到的太阳黑子，但它并不是开普勒所寻找的引力。

开普勒继续着自己的研究，并决定重新审视自己的毕达哥拉斯式理想，以及自己所坚信的"天体和谐论"。他充分领略了这种理想所带来的美。毕竟，毕达哥拉斯提出的数学理论奠定了西方音乐的基础，而文艺复兴时期的许多著名作曲家都是开普勒的侪辈，比如克劳迪奥·蒙特威尔第（Claudio Monteverdi）和威廉·伯德（William Byrd）。开普勒推测，如果这些行星沿着完美的圆轨道运动，那么整个轨道上的音高就应该是相同的。然而，有些行星的轨道是椭圆形的，就像火星那样。开普勒认为，这种行星离太阳越近，它就会运动得更快，音高也会变得更高。通过一种全新的形式，音高的变化为毕达哥拉斯学派的"宇宙和谐"理论做出了贡献。毕达哥拉斯的追随者认为比例能产生和谐的音符，比如八度音阶（其中的比例是2∶1）或纯五度音（其中的比例是3∶2），后者是"do re mi fa so la ti do"中的5个音符。就开普勒版本的"天体和谐论"来说，其关键之处在于采用了行星旋转的最大速度与最小速度之比。

令人着迷的是，开普勒是通过几何推理与音乐推理得到了开普勒三定律。这三条定律是非平凡方程，它们共同决定了行星沿着椭圆轨道进行的精确运动。到1605年时，他已经确定了行星是沿着椭圆形轨道而不是其他长形轨道运动，而且行星与太阳的连线在相等的时间内扫过相等的面积（图5-5）。不过，直到15年后的1620年，他才发表了自己的三大行星定律，它们不仅描述了火星的运动，还描述了其他行星的运动。最后一条定律给出了行星轨道的周期与长度之间的精确数学关系。

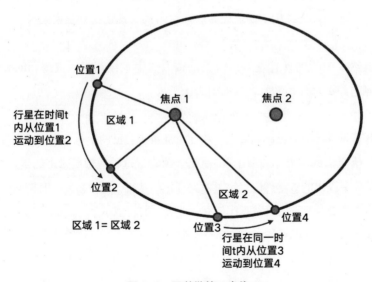

图5-5　开普勒第二定律

成功之路漫长而艰难，开普勒最终理解了毕达哥拉斯提出的充满传奇色彩的"天体之声"，他甚至能把其中的音符写下来展示给世人（图5-6）。我曾有幸聆听了一张关于开普勒的"天体之声"的专辑，专辑名为《世界的和谐：约翰尼斯·开普勒之耳的天文学数据的实现，数据来自1619年的 < 世界的和谐 >》（*The Harmony of the World : A Realization for the Ear of Johannes Kepler's Astronomical Data from Harmonics Mundi 1619*）[4]，由耶鲁大学音乐学院的作曲家威利·拉夫（Willie Ruff）和约翰·罗杰斯（John Rodgers）创作。行星在绕太阳做椭圆运动时所奏响的迷人且令人回味无穷的和声，经由这张唱片展现得淋漓尽致。令人惊讶的是，这些和声混合在一起竟形成一种统一的节奏，而这种节奏恰好与行星的周期性轨道相对应。例如，土星奏出大三度（音高比例为 5∶4），木星奏出小三度（音高比例为 6∶5），火星奏出五度（音高比例为 3∶2）。在开普勒的设想[5]中，所有行星在神圣的愉悦中共同奏出了一首天体的和声。

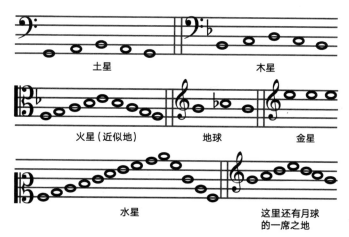

图 5-6 开普勒为每颗行星的椭圆轨道计算的音符

注：对每颗行星而言，最低的音符与它轨道和太阳的最大距离相对应（最低轨道速度），最高的音符与它轨道和太阳的最小距离相对应（最高轨道速度）。

最终，另一位天才牛顿确定了开普勒三大定律背后的正确的物理学原理。牛顿无疑是有史以来最具影响力的数学、物理学家之一，他于17世纪晚期发现了一种新的力——引力。正是因为引力的存在，太阳才能吸引行星，并使它们保持在椭圆轨道上。在出版于1687年的著作《自然哲学的数学原理》（*Mathematical Principles of Natural Philosophy*）中，牛顿描述了天体以及地球上的物体在引力作用下的运动。此外，他还从自己的万有引力定律中推导出了开普勒三定律，后者是开普勒通过分析几何结构与和谐宇宙得出的，不过带有一点毕达哥拉斯学派的遗留瑕疵。

在跨越领域的过程中，开普勒清楚地意识到了类比思维的作用。从球体的神性到和声与几何比例的数学，再到地球磁力和陌生的天体运动，他为后继的研究者提供了无尽的灵感。尤其是对理论物理学家来说，开普勒的奉献精神、创造力以及对待数学的严谨态度，都指向了通向新发现的终极大道。

如今，毕达哥拉斯畅想着天体和谐的时代已成为遥远的过去，"行星奏出音符"的理念也有可能被认为是经不起推敲或无关紧要的。即便这样，我们仍可以想象，若是毕达哥拉斯得知在太阳系之外竟然还有那么多行星，想必也会欢欣鼓舞吧。截至目前，开普勒任务（Kepler Mission）已经发现了2 000多颗候选系外行星，而这只是银河系中万亿数量级行星中的一小部分，就不用说自牛顿时代以来在宇宙中发现的其他新事物了，比如星系、星系团，以及难以捉摸的暗物质。当然，宇宙中还存在亚原子等级的物质，比如夸克和中子，以及包含在统一不同粒子与作用力中的对称性。对于一切自然现象可能都是由弦决定的这一观点，毕达哥拉斯又会如何看待呢？于毕达哥拉斯而言，今日的宇宙是一个在几何与和声方面具有无限可能的梦想。那么于我们又如何呢？

现代物理学家非常清楚，他们所构建的漂亮的数学模型无法描述他们所看到的事物。我们并没有尽到一个物理学家的职责。差异、分歧、反常现象，以及不合理的元素或初始条件总是存在，当然，问题远远不止这些。一些物理学家认为这是发现更深层的数学真理的机会，另一些物理学家则认为我们所掌握的知识已经达到了极限。当我们面对这些局限时，毕达哥拉斯的理想或许能发挥作用。古人仅凭直觉就意识到宇宙的本质是音乐，所以我很好奇，如果给定所有已知的知识，我们是否可以将这种直觉应用于今日的问题，从而进入现代物理学的新阶段？宇宙有没有可能实际上就是一种宏大的和声振动的表现方式呢？不和谐在我们的宇宙中扮演的又是什么角色呢？当然，任何类比都有极限，但在对知识的追求中，类比法的力量正在于其局限性。明白了类比法有其局限性后，我们只要在面对它留给我们的问题时足够大胆并不断创新，就能获得新的发现。优雅与美丽不仅存在于方程的形式中，还存在于人类做出发现的方法中。在我的求学历程中，利昂·库珀、布兰登伯格和艾沙姆都是极为重要的老师，因为他们教会了我探索发现的方法。

古代哲学家的学生仔细思索过天体之声、几何形式的完美、物力论（dynamism），以及有机的人与宇宙的数学之间的博弈。现在的学生学习的是古代哲学家提出的精确计算，比如开普勒的椭圆形轨道、牛顿的万有引力定律，以及爱因斯坦的更为复杂的时空方程。至于未来的学生会学习什么，我们无从得知。教育、技术和全球互联性正在飞速发展，学生若想跟上进度，研究者若想发现新的真理，教授若想给出指导和洞见，或许需要将古代和现代的哲学、创造力以及即兴创作能力结合起来，还要有着不怕犯错的魄力。

对我来说，开弓没有回头箭。

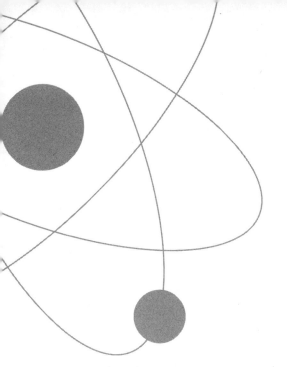

06

伊诺,
音乐宇宙学家

T h e　　J a z z　　o f　　P h y s i c s

直觉告诉我们，复杂的事物源自更复杂的事物，但进化论认为，复杂源自简单。这是一幅倒置的图景。我喜欢这种组合的理念，你只需设置好一些条件，然后就让它们自由发挥吧。从这个角度来说，比起建筑，作曲更像园艺。

——布莱恩·伊诺

　　所有人手里都拿着自己喜爱的饮料。在心满意足的聊天声中，鸡尾酒杯中的冰块相互碰撞着，浮现出泡沫与一片深红。苗条的长发女士和西装革履的男士点亮了整个房间，那些男士脖子上还挂着亮闪闪的金项链，袖口上的袖扣也在闪闪发光。不过，这可不是盖茨比①举办的聚会，而是帝国理工学院一年一度的量子引力鸡尾酒会。

---

① 盖茨比是司各特·菲茨杰拉德（Scott Fitzgerald）的小说《了不起的盖茨比》（*The Great Gatsby*）中的主人公。——编者注

李·斯莫林，还有我的新朋友

鸡尾酒会的主人从头到脚一袭黑色装束——黑色高领毛衣、黑色牛仔裤和黑色风衣。我来帝国理工学院做博士后研究的第一天，就在布莱克特实验室外的走廊尽头看到了他，那个实验室位于理论物理系大楼的侧廊。他有着一头黑亮的乱发，蓄着黑色胡须，戴着黑色眼镜，十分引人注目。我很好奇他是谁，于是在他经过时，向他打招呼："嗨！"他回道："今天过得怎么样？"就这样，我们搭上了话。"你来自纽约吗？"我问。他确实来自纽约。

他就是我的新朋友，也就是李·斯莫林（Lee Smolin）[①]。斯莫林是圈量子引力理论（Loop Quantum Gravity）的创始人之一，当时正考虑在帝国理工学院找一份终身教职。在试图统一量子力学与爱因斯坦的相对论方面，圈量子引力理论和弦理论一样备受瞩目。与认为构成宇宙的基本元素是微小的弦理论不同，圈量子引力理论把空间本身视为一个由大小相同的圈交织而成的网络，这些圈的地位与弦理论中的弦相同。斯莫林刚刚完成了他的第三部著作，即《宇宙的本源：通向量子引力的三条途径》（*Three Roads to Quantum Gravity*），他已经迫不及待地把手稿寄给了编辑。我与他在细雨中漫步到了邮局，一起喝了一杯浓缩咖啡作为庆祝——这只是我们未来要一起喝的数百杯咖啡中的第一杯。

那天晚上，斯莫林把自己位于西肯辛顿的房子贡献出来举办这场酒会，而往年通常是在费伊·多克尔（Fay Dowker）家中举行。多克尔非常高兴，

[①] 李·斯莫林被誉为"新时代的爱因斯坦"，是加拿大圆周理论物理研究所创始人之一。斯莫林关于量子引力的研究都写在了他的畅销书《时间重生》之中，该书中文简体字版已由湛庐文化引进，浙江人民出版社 2017 年出版。——编著注

因为这样她就能作为客人成为当晚的最佳演讲者。她身材苗条、才华横溢、戴着眼镜，也是量子引力领域的先驱。在霍金手下做博士后时，多克尔教授的研究方向是虫洞和量子宇宙学，但她感兴趣的是因果集合论。几个小时之后，当多克尔像往常一样清楚透彻地讲述作为弦和圈替代物的因果集合时，众人便渐渐安静了下来。和圈量子引力理论一样，因果集合论不关心宇宙的构成，而把重点放在时空结构上。不过，因果集合论并不认为时空是由圈交织而成的，而是用一种以因果方式组织的离散结构来描述时空。因果集合论所设想的空间结构类似于滩头的沙粒。当我们从远处看时，看到的是均匀分布的一片沙子；当我们逐渐走近时，就可以看清单独的沙粒。在因果集合中，时空就犹如由沙子构成的沙滩，只不过它是由颗粒状的"原子"构成的。

那些主要研究弦理论的人也参与了关于量子引力的大讨论，比如美国理论物理学家凯洛格·斯特里（Kellogg Stelle），他是 P 膜（P-brane）的提出者，也是我的博士后导师之一。在数学上，膜是一种二维的可延展的事物，也即它会占据空间。P 膜就是高维空间中的类似物。弦理论中所有的弦都能以 P 膜为端点。另一条通向量子引力的途径由克里斯·艾沙姆提出，他的哲学拓扑理论应用了仅仅"部分存在"的数学实体。在聚会上，研究通向量子引力的途径的博士后给其他人上了一堂量子引力理论课。面对这样的场景，我不仅感受不到智慧的碰撞，反而觉得自己缺乏那种能力和专注力，无法像其他人那样坐在潮湿的办公室里，趴在书桌上进行几个小时的数学计算。幸运的是，艾沙姆曾经表示，他相信我有能力在宇宙学领域有所成就，他鼓励我走出办公室，多接触音乐。在卡姆登（Camden）的爵士乐酒吧中，在人潮之中思考着物理学理念、做着计算，我觉得这确实能给我科研上的灵感，但这只是开始。理念开始在我的脑子里流淌，更多的改变即将到来。

当多克尔开始在客厅演讲时，我却在琢磨着另一个我整晚都在观察的人。他和斯莫林一样穿着一件黑色衣服，面色坚毅，与人说话时总是会露出一颗闪闪发光的金牙。看着他专注地听着多克尔的演讲，我猜测他是一位狂热的俄罗斯理论物理学家。后来我才发现，他是和斯莫林一起来的。当斯莫林注意到演讲结束后我依旧在四处游荡时，他便邀请我和他们一起走，他要和那位镶着金牙的朋友一同返回后者位于诺丁山的工作室。我非常好奇他那位朋友的研究方向，以及他属于量子引力的哪个学派。当我们一同走过伦敦街头雾气中时隐时现的明亮大街时，我必须很努力才能跟上他们跳跃性的谈话。我很快就意识到，这个家伙不是普通的物理学家，因为他们的对话是空前绝后的。两人从时空结构以及爱因斯坦关于时间与空间的相对论谈起，不过这并不是令我吃惊的部分。很快，他们就开始抛出各种关于波的数学概念，而不知为何，最后竟然谈到了音乐。那一刻，我对那位"金牙先生"越发好奇了。

这就是我与布莱恩·伊诺初次见面时的情景。到达他的工作室后，我们交换了电话号码，他还慷慨地让我随意使用他的自行车。那时，我还不知道他是谁，直到一个星期之后，我把与他见面的事告诉了一位朋友、乐队成员塔伊布（Tayeb）。塔伊布是英国-阿尔及利亚混血，同时也是一位很有天赋的贝斯手和乌德琴① 手。听了我的话后，他被我的无知惊得目瞪口呆："天哪，斯蒂芬……你遇到了一位大师！"

伊诺曾是英国摇滚乐队洛克希音乐团（Roxy Music）的成员，年轻时就是一位伟大的音乐革新者。当摇滚乐开始结合古典与前卫的影响力，并以一种新的音乐形式呈现出来时，他就是艺术摇滚和

---

① 乌德琴是一种阿拉伯弦乐器。——编者注

迷惑摇滚运动的参与者。摇滚乐手衣着华丽、发型时髦、妆容灿烂，想一想卢·里德（Lou Reed）、伊基·波普（Iggy Pop）和大卫·鲍伊（David Bowie）吧。伊诺是乐队的电子合成器专家，他能操纵精细的声音。在当时，电子合成器因其复杂性而显得格外美妙。早期的电子合成器必须由人来操作，这与今日只需按一个键就可以生成声音的电子合成器不同。洛克希音乐团很快就声名鹊起，伊诺为声名所累，所以他离开了乐团。他的音乐事业不仅没有因此受到影响，反而迅速发展起来。他一手打造了传声头像乐队（Talking Heads）和 U2 乐队，并且成就了一系列伟大的名字，这里只简单地列举其中几个：鲍伊、保罗·西蒙（Paul Simon）和酷玩乐队（Coldplay）。与此同时，他也没有放弃电子合成器，后来还成为传奇的雅马哈 DX7 合成器的世界级演奏者。

我很好奇，像伊诺这样的艺术家为什么会对时空和相对论感兴趣。随着我对他的了解不断深入，我终于明白，这对他而言并不是一件用来打发时间的事情，他也不是为了自己的健康才这么做。生活在伦敦的两年里，我发现伊诺正是被我称为"声音宇宙学家"的那一类人。他研究宇宙的结构不是因为受到了音乐的启发，而是以音乐为方法。他时常会发表一些评论，有时甚至对我的宇宙学研究产生影响。我们开始定期在他位于诺丁山的工作室聚会，那里成为我驶向帝国理工学院途中的一个休憩站。我们会一起喝杯咖啡，并交换一些关于宇宙学与乐器设计的理念，或者仅仅是放松一下，演奏一些伊诺最喜爱的马文·盖伊（Marvin Gaye）或费拉·库蒂（Fela Kuti）的歌曲。他的工作室成为我绝大多数创新性理念的发源地。之后，我会精神抖擞地走向帝国理工学院，带着满脑子的新想法，干劲十足地继续我的计算工作，或是与我的物理学家同事讨论和研究论文。

一天早上，当我走进伊诺的工作室时，我物理学研究生涯中的一个最难忘、最具影响力的时刻到来了。伊诺一如既往地在处理一个新曲调的细节，他把贝斯在某条音轨上调节正确，以协调那个比正常节拍稍微滞后一点的音。他不仅是氛围音乐领域的先驱，还是一位多产的艺术家。

在唱片《氛围音乐1：机场音乐》（*Ambient 1：Music of Airports*）的封面上，伊诺描述了自己的工作："氛围音乐必须能够适应多个层次的听众的注意力，而不是特别关注某个层次，它必须是有趣的，又同样程度的可有可无。"他所寻求的是一种有关基调和氛围的音乐，而不是强迫听众去主动倾听。然而，创作一段听起来轻松的音乐绝非易事，所以他经常沉浸在细致入微的音乐分析中。

音乐视角中的傅立叶变换

在那个特别的早上，伊诺正在操纵电脑上的波形，以使它听起来像是在和瓦瓦莉安——一些声波的母语交流。令我大感震惊的是，伊诺正在操纵的可以说是宇宙中最基本的概念，也就是振动的物理学。对量子物理学家来说，正是振动的物理学描述了粒子。在量子宇宙学家看来，振动的客体（比如弦）在整个宇宙的物理学中可能扮演着关键的角色。很不幸，那些弦所演奏的量子音阶在精神和肉体上都是一种令人恐惧的无形之物，现在它却以声音的形式（也即振动的实际表现）出现在我面前。这种新的联系并不是我创造的，但它让我开始思考它对我的研究的影响，以及罗伯特·布兰登伯格曾经问我的问题："宇宙的结构是如何形成的？"

声音是一种推动介质（如空气或固体）产生压力行波的振动。不同的声音产生的振动是不同的，进而产生不同的压力波。我们可以画出这些波的图像，即波形。每个波都有可测量的波长和高度，这是振动的物理学的一个关键点。对音波来说，波长决定了音的高低，而高度（或者说振幅）反映了音量的大小。

如果某些事物是可测量的，比如波的长度和高度，那么你就可以用一个数字来描述它。如果你能给予某些事物一些数字，那么你就可以把它们简单相加。这就是伊诺正在做的事情，即把不同的波形叠加起来，从而得到新的波形。他把简单的波形混合起来，以得到复杂的声音。

对物理学家来说，这种把波叠加起来的概念称为"傅立叶变换"（Fourier transform）。这是一个非常直观的理念，可以用往池塘里扔石子来说明。如果你往池塘里扔一颗石子，那么石子与水面的接触点就会辐射出确定频率的圆形波。如果你在第一个接触点附近投下另一颗石子，那么就会产生第二个圆形波，而源自两颗石子的波会发生干涉，形成一个更加复杂的波形。傅立叶理念的不可思议之处在于，它意味着一些简单的波形叠加起来可以形成任何波形。这些简单的"纯粹波"是一些周期性重复自身的波形，我们将在下一章详细讨论它们。

我和伊诺因为振动中的物理学而相知。我开始从一个混声音乐家的视角来看待物理学中的傅立叶变换，并将它视为一种创新的途径。伊诺借给我的自行车成为我大脑运动所需的交通工具。几个月来，跨学科思考的力量转变为了我的肾上腺素。对我来说，音乐不再仅仅是一种灵感、一种改变我看待问题的角度的方式，还是一种完善我的科研方法的必不可少的补充。我沉迷于解密罗塞塔石碑（Rosetta Stone）上有关振动的内容，其中描述了波是如何创造声音和音乐的，而这正是伊诺最擅长的；此外，还模糊地描述了早期宇宙中的量子行为，以及它是如何产生大尺度结构的。波与振动构成了共同的线索，我们面临的挑战是如何把它们联系起来，以绘制出一幅清晰的图像来展示宇宙结构形成和人类出现的过程。

宇宙是否也是一种即兴创作

那时伊诺正在做许多项目，其中之一被他称为"生成音乐"（Generative Music）[1]。1994 年，伊诺在自己的工作室向众多一头雾水的记者公布了生成音乐，同时发布了第一个生成软件。大约 10 年后，生成音乐的理念才趋于成熟，它其实是一种有声的摩尔纹。池塘水波通过互相干涉产生了复杂的波纹，它们具有无穷多种形态。这些波纹就是摩尔纹，它们由重复的波纹叠加而来，其种类无穷无尽。生成音乐是基于两个以不同速度播放的节拍的理念，而不是两颗产生波的石子。它随时间向前播放，只需输入简单的节拍，就能得到美丽又令人印象深刻的复杂性，也即一种不可预知的、无穷无尽的声音模式。它是"一种理念，有可能催生出一个系统或是一套规则，一旦建立起来，就会为你创造音乐……你从未听过的音乐"。在 1975 年发布的专辑《乐音》（Discreet Music）中，伊诺第一次尝试了摩尔纹。与 2012 年发行的录音室专辑《洛克斯》（Lux）一样，《乐音》也是他创作的长篇氛围音乐的重要组成部分。音乐变得不可控制、不可重复、不可预测，与古典音乐大为不同。最终得到的结果完全取决于你输入的内容，节拍还是音乐？

我逐渐意识到，伊诺的生成音乐和隐藏在宇宙最初时刻背后的物理学有着紧密的联系，后者展示了空无一物的宇宙是如何产生我们今日所见的复杂结构的。我不禁自问，宇宙结构是否也源自一种单一的、处于初始模式的波，就像伊诺的生成音乐那样？我需要傅立叶变换以及伊诺的音乐大脑中的灵感。毕竟，在运用傅立叶理念方面，他有着超越所有物理学家的直觉。我想发展这种直觉，并用它进行创造。那天早上，当我走向正在操纵各种波形的伊诺时，他微笑着对我说："看，斯蒂芬，我正试图设计一个简单的系统，它被激活之后就能生成一首完整的曲目。"那一刻，我脑海中突然闪过一个念头。早期宇宙中有没有可能存在一种振动模式，它能生成我们现在生活于其中的复杂结构，以及构成我们的复杂结构呢？这些结构是否有可能具有即兴演奏的性质？这是我学到的有关即兴演奏的第一课。

07

在爵士乐中，
打破物理学的界限

暑假时候，我会离开帝国理工学院，去拜访布赖恩·格林（Brian Greene），他在哥伦比亚大学弦论、宇宙学和天体粒子研究中心（ISCAP）有一个团队，我会加入他们，以便进行我的新项目，努力把弦理论的一个关键理念引入宇宙学。那时的我并没有想到，这种联系会来自与一位爵士乐传奇人物的偶遇。在我应聘博士后长达 5 个月却一无所获时，格林是第一个为我提供职位的人，但我最终还是决定进入帝国理工学院工作。格林因其在弦理论拓扑变化方面的开创性研究而闻名，但使我决定跟随他的是他对弦理论在早期宇宙中的应用上的研究热情。格林将弦理论应用于宇宙学问题，这个成立于 2000 年、由他担任主任的研究所是他的研究自然演化的结果。他所研究的项目为我们这一代的许多年轻宇宙学家提供了机会，我们都极为感激。我非常感谢格林提供的工作机会。幸运的是，在我决定去帝国理工学院之后，他还给了我一个在他领导的研究所做访问博士后的机会。因此，暑假期间，我会离开伦敦去纽约访问他所在的研究所，在那里做物理计算，并在我最喜欢的地方演奏爵士乐。

　　我并不是唯一一个来自纽约、客居他乡，终又得以"归家洗客袍"的物理学家。李·斯莫林也在纽约做着自己的计算，他的工作涉及一个有关暗能量和量子引力的令人兴奋的理念。我们经常联系，以交换想法，并定期在他的好朋友杰伦·拉尼尔（Jaron Lanier）家中的阁楼上见面。斯莫林称拉尼尔是天才。如果斯莫林称某人为天才的话，那么这个人肯定不简单。我跳上从布朗克斯开往翠贝卡（Tribeca）的两班火车之一，下车后进入了一座高大的阁楼，在阁楼的一端，我看到了数以百计的异国乐器。阁楼的另一端放着各种电子设备和计算机设备。斯莫林向我打招呼，几分钟之后，一个又高又壮的男人走了进来，他穿着一件像是睡衣的黑色 T 恤和一条黑色宽松短裤，脚上穿着拖鞋，还梳着一头又长又厚的金色发辫。他走过来，颇为自来熟地给了我一个熊抱。他就是世界著名的计算机科学家、作曲家拉尼尔，也是虚拟现实领域的先驱之一。我扫了一眼整个房间，看到了《连线》（Wired）杂志的首刊，封面人物正是梳着一头发辫、戴着大眼镜和手套的拉尼尔。他看起来像是来自外星。

即兴创作与物理学

那时我也梳着一头长长的发辫，所以并不是很在意这种形象。随着时间的推移，拉尼尔成了我最好的朋友之一。用"博学多才"来形容拉尼尔绝非溢美之词，因为他不仅是艺术家和科学家，还是作曲家、多乐器演奏家和作家。然而，真正令我感到惊奇的是他研究科学和音乐时所使用的方法。他把来自音乐和科学的不同理念结合在一起，形成一种新的技术方法，进而推动科学的发展。与丹尼尔·卡普兰先生一样，拉尼尔非常鼓励我把对音乐和物理学的兴趣结合起来开展研究。

2000 年我们第一次见面时，拉尼尔提到，他对果蝇视觉系统的神经网络很感兴趣。对遗传学和神经生物学来说，果蝇是非常好的实验对象，因为它们的繁殖速度很快，所以其神经回路中存储着很多生物信息。拉尼尔与他的同事有意对这些神经网络进行计算机算法模拟。当时，我并没有看出这项研究的意义，我心想："那又怎么样？" 9 年之后，拉尼尔在一座能俯瞰旧金山湾的山上购买了一栋漂亮的房子。有一天，我去拜访他，当我们一起走在伯克利山间的小道上时，拉尼尔若无其事地说："斯蒂芬，你还记得那个关于果蝇的项目吗？我的一些朋友基于这项技术，成立了一家创业公司，并给我开了一张支票，我用这笔钱买了这栋房子。"对于一个没上过高中的人来说，这实在是好事一桩。好吧，公正地说，拉尼尔十几岁时就在新墨西哥州建造了测地线圆顶帐篷并住在里面，还学习了大学数学课程。

拉尼尔还会吹奏萨克斯，所以当我们第一次在纽约见面时，他就提到了萨克斯，并对我说："你知道的，斯蒂芬，我朋友奥尼特·科尔曼住在上城区。我们一起去看他，如何？"我惊讶得下巴都快掉下来了。我小时候在布朗克斯就听说过科尔曼，那是我与爵士乐即兴演奏的第一次邂逅。在我还沉浸在思绪中时，斯莫林就回道："噢，这太棒了。"拉尼尔拿起电话，叫了一辆出租车，然后我们就来到了科尔曼位于市中心的殿堂。

科尔曼在得克萨斯州的蓝调和民间传统音乐中长大，他是自由爵士乐的主要革新者之一。那时，我正在（现在依旧在）学习被某些音乐家称为经典主流爵士乐的音乐。和研究理论物理一样，在演奏主流爵士乐之前必须掌握完整的知识体系。例如，如果你在即兴演奏时，观众指出了一个曲调，譬如"秋叶"（Autumn Leaves），那么你必须知道曲头（开始的旋律），以及余下的形式（和声与节奏的结构）。所以，经典爵士乐的即兴独奏会受到某首歌曲的结构或形式的约束。然而，我和科尔曼之间的讨论，以及我从他身上学到的东西，不仅改变了我对即兴演奏的看法，还改变了我对即兴演奏与理论物理学之间关系的认识。

科尔曼是一个温和而沉着的人，而且语言中总是充满比喻之美。当我第一次见到科尔曼时，他把我带到了自己的工作室，并且向我展示了他最喜爱的白色中音萨克斯。科尔曼把它递给我说："试一试。"天哪，一位爵士乐传奇人物邀请我演奏他的乐器！我心中狂喜，又惶恐至极。他递给我一副干净的吹口和簧片，我便开始在某个音阶附近吹奏。我吹奏完后，他轻柔地说："音符虽然只有 12 个，但你可以用这 12 个音符组成一篇对话，真是太神奇了。"科尔曼的话极大地鼓舞了我。接着，我们开始谈论他的即兴演奏方法——他因采用一种新的"态度"或是策略来进行即兴演奏而闻名，他称之为"和声旋律混成乐"。在一次访谈 [1] 中，他描述了这个过程：

> 想想那些基本的音符，不要在演奏这些音符的时候束手束脚，并认为"你迈不出这一步"，而要思考它们构成的声音，以及你能用这些声音做什么。这就是我用和声旋律混成乐在做的事情，即从一个全新的角度思考旋律、节奏与和声。这更需要依靠听觉和反应、声音和反馈，而不是任何一种我可以为你们写下来的模式。音乐并不像人们认为的那样与许多事物都有关联。

对我来说，这种观点太激进了，因为我一直认为演奏爵士乐只有一种正确的方法，即熟记所有的音阶，然后用手指弹奏出来。认真练习，提高技艺，这样你才能在和弦变化中演奏出一致而富有想象力的变调。抄录并分析你所擅长的乐器领域中大师的独奏，对我来说就意味着约翰·柯川、桑尼·罗林斯（Sonny Rollins）、德克斯特·戈登（Dexter Gordon）、查理·帕克（Charlie Parker）、韦恩·肖特（Wayne Shorter）和迈尔斯·戴维斯（Miles Davis）。不过，我和科尔曼的第一次谈话，让我想起了我在研究生时代得到的一些意想不到的建议。有一次，我正在普罗维登斯一家音像店阴暗的地下室里翻着旧乐谱，背后突然响起一道刺耳的声音。我转过头去，看到一位穿着花呢夹克的高个子老人，他自称是一位古典作曲家：你这是在浪费时间。如果你想成为一位伟大的音乐家，那么你必须知道三件事情：

- 欲要挑战规则，必先对其了如指掌；
- 音乐是关乎张力与决心之物；
- 练习，练习，再练习。

但是，当你出去玩的时候，就要把这些统统忘掉！从那以后，我再也没有见过他，但他的话一直萦绕在我耳边。我经常和我的学生分享这个故事。

与山地景观具有固定的形状一样，比如拉尼尔所居住的那座山，经典爵士乐的结构提供了由和声、旋律和节奏组成的骨干，即兴演奏在此基础上进行展开。例如，很多爵士乐曲调都来源于早期的叮砰巷（Tin Pan Alley）①、百老汇和好莱坞歌曲，爵士乐手将这些歌曲作为基本材料，借以发挥并进行独奏。在即兴演奏歌曲和声方面，"次中音萨克斯之父"科尔曼·霍金斯（Coleman Hawkins）是一位大师。莱斯特·杨（Lester Young）外号"总统"（Pres），他轻柔、欢快又激烈的风格与霍金斯的粗犷风格形成了鲜明的对比，这种差异正是源自两人对即兴演奏旋律的研究。在旋律、和声与节奏层面上，"爵士乐之父"路易斯·阿姆斯特朗（Louis Armstrong）和比博普②天才查理·帕克都是即兴演奏大师。

---

① 叮砰巷是一个地名，位于纽约第五大道和百老汇街之间，曾是流行音乐出版中心，后来成为流行音乐史上一个时代的象征、一种风格的代表。——编者注
② 比博普是一种强调和声变化与个人即兴的爵士乐。——编者注

在和声旋律混成乐中，科尔曼有意地在即兴演奏中变换了和弦。一般来说，经典爵士乐是由和声在主调上的移动来引导音乐，而在和声旋律混成乐中，旋律、和声与声音在即兴演奏中的地位是一样的。与对称性原理一样，所有的音乐元素都是对等的。我们很难把"声音"这个词归入一个良定义[①]的概念集合中，它更像是一种隐喻，暗示着不同的爵士乐手有着不同的声音。科尔曼与帕克演奏的都是高中音萨克斯，但他们各自有各自的声音或特征——不同的音质与音响，以及安排音符与形成节奏的不同方式。一个真正的爵士迷能听其声辨其人。

相对论中的 6 个音符

当科尔曼进行自发的变化时，乐队的反馈将会产生新的音乐结构。标准爵士乐吉他大师马克·里博特（Marc Ribot）[2]观察发现，科尔曼将这些结构建立在主旨之上的方法是：

> 表面上，他们正在解放比博普的特定结构，实际上是在发展作曲的新结构……关于科尔曼的和声旋律混成乐的一系列规则……很明显，它是基于抓住主旨，并且解放它，让它变成多调、旋律、节奏的音乐，它与主旋律的主旨紧密相连。

主旨是一段短旋律，在一首歌中，它通常会反复出现。最著名的主旨也许就是贝多芬《第五交响曲》开头的 3 个音符。在整首交响曲中，主旨在不同的曲调上重现，并且被不同的乐器演奏出来。这种方法让人想起布莱恩·伊诺生成音乐的方法。两者都应用了同一个理念，即复杂的结构可以源

[①] 良定义指无歧义的、不会导致矛盾的、符合其应满足的所有要求的定义。——编者注

自简单的规则或模式。认真地听一首科尔曼的曲子，你就会发现，他的独奏曲目通常是通过调制自己的乐音与音高来完成的。

在短暂的萨克斯课程之后，科尔曼问我目前正在做什么。我回道："研究涡旋。"虽然涡旋在量子场论中很常见，但我是在弦理论（不久之后甚至超出了弦理论）的背景之下思考它们。涡旋是一些束缚能量的管状区域，在自然界中非常常见。水向水槽中流动的旋涡运动就是一种涡旋，台风和风暴的中心也是一种涡旋。即使在量子领域，磁场也可以在超导体中形成涡旋晶格，这是一个十分重要的理念，甚至足以获得诺贝尔奖。我拿出一张纸，画出涡旋给科尔曼看。他回复说，他在独奏中也采用了类似涡旋的模式。在这次会面之后，每当我倾听科尔曼的音乐时，我的听觉就会变得敏锐起来，我不仅能听到他即兴演奏的音符，还能听到其中的集合模式，就像涡旋一样。

几年之后，这次与科尔曼的会面对我的影响，在我和电子乐乐手埃琳·里乌（Erin Rioux）合作制作我的第一张专辑时体现了出来。这张名为《来了》（*Here Comes Now*）的专辑（图 7-1）是向伊诺和科尔曼致敬的作品。专辑中包含有伊诺精通的调频音乐合成的元素，我还以生成电子节奏演奏了大量的自由爵士乐。以我之拙见，这张专辑中最好的一首歌正是科尔曼的《涡旋》（*Vortex*）。

拉尼尔和科尔曼向我打开了一个作为科学家与音乐家的全新视角。拉尼尔也是一位音乐家，他可以毫不费力地在音乐与科学之间做出有效的类比。我曾看到他在一次关于计算机科学的很重要的讲座上，以一种被他称为第一台数字计算机的中国古乐器开始了演讲。科尔曼虽然没有接受过科学训练，但他仍可以和我讨论物理学理念，以及如何把这些理念与音乐联系起来。一天，他对我说："我给你提供一个模式吧。"他在纸上写下了 6 个音符，然后说："把它们练熟，这有助于你演奏和弦的变化。"很遗憾，我现在还不能透露这 6 个音符的秘密。所以，我们来谈谈相对论吧！

图 7-1　专辑《来了》的封面

注：这张发行于 2014 年的专辑广受好评。图片由埃琳·里乌和布兰登·桑切斯（Brandon Sanchez）提供。

作为一位年轻的理论物理学家，我虽然受到了导师的鼓励，但还是承担着一定的压力，这迫使我变得循规蹈矩。能否取得进展、获得晋升很大程度上取决于你是否受到侪辈的尊敬。一旦有迹象表明你缺乏作为一位训练有素的理论物理学家所必需的能力，就有风险被踢出局。我非常清醒地意识到，即便是在那些最富想象力的人群中，我即将提出的理念也是不受欢迎的。虽然我尽我所能地去掌握每位理论物理学家所期望掌握的传统技术，但我还是希望在心中保留对物理学的想象。这和我在音乐上的追求是一样的，即找到即兴演奏的精神表达，把我从我所练习和内化的形式主义中解放出来。与科尔曼的初次会面打开了我探究理论物理的突破口，我体会到了不随大流的自由和自信。

科尔曼冒着巨大的风险，打破了比博普和经典爵士乐的传统。他对新理念的热爱给了他打破传统的力量，一些非常酷的音乐由此诞生。本着同样的精神，我认为我也可以成为一位为了理念之美而创造理念的理论物理学家。和科尔曼改变受西方和声理论限制的旋律路径，只为了追求新的理念并表达他所听到的声音一样，我也可以操纵那些虚拟的理论世界。我意识到，在那些我所提出的推测性的科学命题中，很多（甚至是绝大多数）都有可能是错误的，但或许其中的一两个会成为理论物理领域中的突破。

多年来，科尔曼的话以及我们之间的讨论一直影响着我，促使我不断完善爵士乐和宇宙学之间的类比。正如利昂·库珀告诉我的那样，最好的类比可以让我们对物理学有新的认识，而这是应用其他方法不可能得到的。

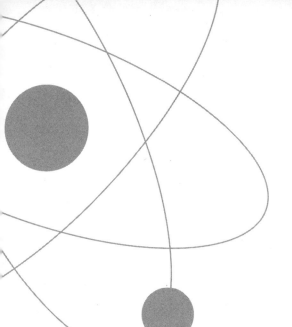

08

无处不在的振动

The Jazz of Physics

在电子合成器和生成音乐出现之前，在量子宇宙学领域关于宇宙结构形成原理的争论出现之前，牛顿就出现在这个世界上了。他通过一个直观而普遍的机制，把 3 位数学家前辈（毕达哥拉斯、伽利略和开普勒）的工作整合在了一起。公元前 500 年，毕达哥拉斯开始重现他在铁匠铺中听到的泛音。通过倾听锤子敲击金属发出的声音，他用不同长度的绷紧的弦重现了锤子的重量之间的数学比例。然而，毕达哥拉斯以及其后几千年里的研究者都没有意识到，即便是最复杂的振动，其背后也隐藏着一个普适的秘密，我们可以用一个实用而优美的数学原理——傅立叶变换来描述它。

牛顿定律：一切孤立物体都有惯性

2 000 多年后，即大概 1600 年，伽利略与开普勒依然对毕达哥拉斯的发现抱有热情。虽然他们无法从物理学上解释弦是如何奏出和谐的音符的，但是他们毕生的工作为实现这一目标打下了坚实的基础。对神圣几何与宇宙和谐的信仰使开普勒发现了行星运动定律。不过，他与开普勒都没有意识到，他们研究的运动只是一种尚未被发现的力作用的结果。接下来，该牛顿登场了。

牛顿于 1643 年出生在英格兰，是有史以来最有影响力的数学家和物理学家之一。他才华横溢，最痴迷的是物体的运动。在微积分和光学领域，牛顿都做出了重要贡献，而最重要的是，他是经典力学的奠基人。经典力学描述了地球上的物体的运动，比如机械的运动、抛射体的运动，甚至是伽利略从比萨斜塔上扔下的铁球的自由落体运动。牛顿证明了力是物体运动发生变化的原因，但他并没有止步于此。他希望能解释一切物体的运动，无论是地球上的物体，还是天体。他的决心促使他完成了《自然哲学的数学原理》一书，并于 1687 年出版。他在书中提出了作用于地球，甚至宇宙中的一切运动的力——引力。正是因为有了引力，物体才会落到地球上，行星也才会围绕太阳运动。当他用自己提出的"一般定律"去推导开普勒的行星运动定律时，他获得了巨大的成功。

　　由弦的振动产生的泛音虽然仍难以捉摸，但牛顿在发现三大运动定律的过程中，不知不觉地就为弦的物理学奠定了基础，后来的研究者最终得以理解了它。随着时间的推移，他的继任者共同探索着这幅拼图的剩余部分，最终得到了弦运动的图像。接着，物理学家又成功描述了波的运动，而这最终会被证明是黏合量子物理学、宇宙学和音乐的"胶水"。

　　牛顿的发现中隐藏的秘密就存在于支配着自然界中所有物体的一种现象。它是一根把所有运动连在一起的线，牛顿称之为惯性原理。他发现，一切孤立的物体不会旋转、加速或者减速。惯性是物体的一种固有属性，它天然地抵抗物体运动状态的变化。

　　牛顿第一运动定律：除非受到外力的作用，否则处于静止状态的物体会保持静止，而处于运动状态的物体其运动速度与方向会保持不变。

牛顿第一运动定律促使我们提出一个新问题："力是什么？"为了解释它，牛顿提出了第二个运动定律。他精确地定义了"力"，把它等同于一个以特定的速率和方向运动的物体速度的变化率。如果一个物体的速度发生变化——速度增大、速度减小或改变方向，我们就说它在加速。这就是牛顿第二运动定律的本质。作用在物体上的力会使该物体加速。相反，通过观察一个物体如何加速，我们可以确定相应的力的特征。牛顿发现，当力作用在物体上时，加速度和物体的质量直接相关，且通常取决于物体的质量。

牛顿第二运动定律：作用在物体上的力 F，等于物体的质量 m 与加速度 a 的乘积——

$$F=ma$$

乍看上去，牛顿所发现的惯性、力与速度变化之间的关系似乎是显而易见的，但其意义十分深远。通过这个简单的方程，我们能确定受力粒子未来的位置。实际上，这个方程的魔力正在于它的预测能力。

我的物理老师丹尼尔·卡普兰在第一天上课时写在黑板上的方程，恰好就是牛顿第二运动定律方程。当他把网球扔向空中时，他的手提供了一个力，网球向上加速运动。引力提供了另一种力，网球又向下加速运动。网球会经历加速—减速—停止，并且速度变换方向，而整个过程只用 $F=ma$ 就可以表达。

为了更直观地理解加速度，我们设想牛顿正在 1958 年的一级方程式赛车中驾驶一辆玛莎拉蒂 250F。想象一下，这个痴迷于运动的男人坐在史上最棒的赛车里该有多开心。启动引擎的那一刻，牛顿是静止的，而汽车的速度为零，但当他踩下油门时，他会感觉到自己被推向座椅靠背。当牛顿紧张地猛踩刹车时，他又会被力推向方向盘。经过一段时间的练习后，牛顿逐渐掌握了驾驶技术，并以 250 km/h 的恒定速度沿直线行驶。这时，速度是恒定的，所以不存在加速度，对运动入了迷的牛顿注意到没有任何力在推动他。于是，他断定：只有速度的变化才会使他感受到力，无论是被向后推向靠背，还是向前推向方向盘。相似地，当这辆玛莎拉蒂 250F 转弯的时候，汽车行驶方向的变化会产生明显的侧向力，有经验的司机能预见到这种力，并向这种力的方向倾斜。

在数学上，"变化"通常用符号 Δ 来表示。如果我们用 X 来表示位置，那么 ΔX 就表示位置的变化。速度正是位置的变化，因此我们可以写成 $v=\Delta X$，而加速度 $a=\Delta v=\Delta\,\Delta X=\Delta^2 X$。用位置来表示加速度意味着我们可以把牛顿第二运动定律 $F=ma$ 写成 $F=m\Delta^2 X$。

牛顿方程的预测能力开始显现出来，因为它表明，一个作用在物体上的力决定了物体位置随时间产生的变化。速度正是位置随时间的变化，而加速度是速度随时间的变化。因此，准确地说，速度可以写成时间的函数 $X(t)$。同理，速度和加速度分别是时间的函数 $v(t)$ 与 $a(t)$。再精确一些说，这个方程应该写成关于时间的变化，所以牛顿方程就变成了：

$$F = m\,\frac{\Delta v(t)}{\Delta t} = m\,\frac{\Delta^2 X(t)}{\Delta t^2}$$

将牛顿方程写成一个与加速度、速度、位置和时间相关的方程后，我们就可以得到许多信息。

宇宙结构，某种振动模式的结果

我们可以通过 4 种情形，来理解关于弦的基本物理知识。

情形 1：不存在外力。如果不存在外力，那么 $F=0$。假定物体的质量非零，那么，由 $F=ma$ 可以得出 $a=\Delta v=0$。这就是牛顿惯性定律——如果没有外力，物体的速度会保持不变。牛顿在驾驶赛车时沿直线行驶就是这种情形。当赛车运动时，它的位置以恒定速度发生变化，我们可以用一张简单的图来描述这种情况。

图像是物理学家拥有的一种精细艺术理念，是一种无价的方程可视化方法，它能揭示出一些函数中隐藏的信息。图像本身就可以被"阅读"。例如，图 8-1 中的速度图的斜率为零，这立即告诉我们（当然，这需要经过训练），函数不会随时间发生变化——它是恒定不变的。位置图 $X(t)$ 的斜率在任意一点都等于它的变化率，并由 $v(t)$ 在那一点的值给出。这是多么有用的可视信息啊！斜率越陡峭，变化率就越大，反之亦然。

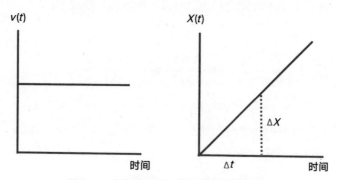

图 8-1　汽车的速度与位置随时间变化图

情形 2: 外力恒定。此时, 受某个恒定外力作用的物体的牛顿方程为:

$$F = constant = m \frac{\Delta^2 X(t)}{\Delta t^2}$$

如果牛顿能凭借他在精确计算方面的天赋, 稳定地踩住玛莎拉蒂 250F 的油门而不上下摇晃, 那么他就在提供一个恒力。方程 $F=ma$ 告诉我们, 汽车将以恒定速度加速。这种恒力产生恒定加速度的现象, 正是伽利略从比萨斜塔上扔下铁球时所观察到的景象。在这种情形下, 恒力就是重力!

从图像上看, $a(t)$ 与之前的 $v(t)$ 十分相似, 因为它也是恒定的, 而 $v(t)$ 与之前的 $X(t)$ 类似, 因为它以恒定速度增加。问题在于, 如何找出 $X(t)$ 的图像。这个问题很有趣, 因为它将证实牛顿方程的预测能力, 即预测在某个恒力的作用下, 汽车在任意时刻 t 的位置。基于函数在某点的斜率等于它在该点的变化率这个事实, 我们可以通过这些图像得到一个理念。例如, 在 $t=1$ 时, 我们可以得到 $v=1$, 而我们知道 $X(t)$ 的变化率等于 $v(t)$。因此, 在 $t=1$ 处, 变化率或者说 X 的斜率等于 1。同理, 在 $t=2$ 处, 我们得到 $v=2$, 而 $X(t)$ 的斜率等于 2, 余后类推, 其数值单调递增。画出这种函数图形, 我们就得到了图 8-2。

接下来的问题就是如何得到函数 $X(t)$ 的精确形状了。在处理这个问题时, 牛顿发现, 他所掌握的数学工具远远不够。他需要一种能描述物体在任意特定时刻的运动方式, 而不仅仅是在一段时间内的运动方式的工具。莱布尼茨对物理学、语言学和政治学均做出了贡献, 此时他也正在德国思考同样的问题。令人难以置信的是, 出于想要理解物体在最小可测量变化时的运动的愿望，牛顿与莱布尼茨各自独立地创建了数学的一个分支——微积分，它正是描述变化的数学。

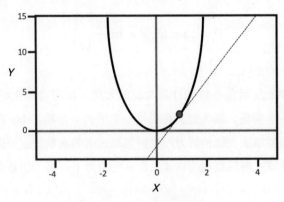

图 8-2 $X(t)$ 的抛物线图

注：斜度线位于于 t=1、t=2、t=3 处时，$X(t)$ 的抛物线会更完美。

既有的符号被描述瞬时变化率的导数替代，时间间隔 t 也变成了无穷小的间隔。有了导数，我们就得到了一种新的数学构造，即微分方程。描述一个物体在恒定的外力作用下的牛顿方程就变为：

$$F = constant = m\frac{\partial^2 X(t)}{\partial t^2}$$

从图像上看，一个函数的一阶导数是它在某一点的斜率，而二阶导数转变成了函数图像在该点的弯曲程度。我们需要找到满足这个方程的位置函数 $X(t)$，以使它的二阶导数在任意时刻都是常数。在这一点上，大多数数学家与物理学家都不吝于根据已有的关于函数及其图像的知识，大胆猜测 $X(t)$ 的形式。然后，他们会把猜测的结果代入方程，看看是否满足条件，并对其做出相应的调整，直到最终得到一个正确的结果。在这种情况下，最终的结果是一条抛物线，其最基本的形式由 $X(t) \sim t^2$ 给出。受过一些训练的人都能很直观地看出形式与方程之间的联系。如果已知任意一点 $X(t)$ 的导数或者斜率，我们就可以得到速度函数，它的斜率以恒定速度增加。再对速度求导，我们将得到恒定的加速度，即 $a(t) =$ 常数，这与恒力是对应的。

微积分十分重要，因为它表明，一个函数可以由另一个函数根据"描述变化的数学"求导得出，所以这种函数被称为导数。如今，导数已成为物理学、工程学和声学领域最重要的工具之一。从本质上说，通过画出图像，我们不用计算就能得出导数，因为函数的形式——与导数相关的形状、表观斜度（变化率）和弯曲程度，给出了动力学的信息，我们甚至都不用去看那些方程。

情形3：外力不恒定。一个经典的例子是一端系有重物的弹簧。想象一下，我们微微拉动这个重物，然后释放它。重物将会从零开始加速。接下来，想象一下把重物拉得更远一些，重物将会加速得更快。结果证明，这是一种线性关系，加速度与重物被拉离原点的距离 X 成正比。形式最简单的牛顿定律告诉我们，F 与 X 成正比。牛顿方程变为：

$$\frac{\partial^2 X(t)}{\partial t^2} = \alpha X(t)$$

方程中的比例常数包括重物的质量 m 和弹簧的劲度系数 k。这个方程表明，存在函数 $X(t)$，它的二阶导数等于自身。

对于系在弹簧一端的重物，无论它是竖直悬挂还是水平置放在光滑的表面上，它的运动都会是简谐振动，或者一种相对于中心平衡位置的振动。如果你能想象出这种运动随时间变化的图像，你就会发现，它的轨迹犹如一条波形曲线。力与物体离开静止位置的距离成正比的所有系统都有着相同的特征，也都满足情形 3 中的牛顿方程。波形曲线是一个正弦函数，简单地说就是 sin，可以写成 $X(t) = \sin(t)$ [1]。如果把正弦函数求导两次，我们就又得到了同样的正弦函数（图 8-3）。

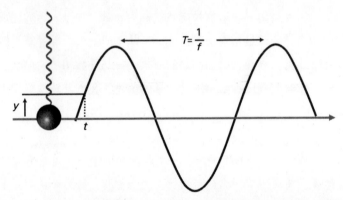

图 8-3　描述一个系在弹簧一端、相对于平衡位置振动的物体的正弦函数

本质上，前面的方程描述了一个单一的振动粒子，这让我们离困扰着毕达哥拉斯、伽利略、开普勒，甚至牛顿的谜题——弦的振动近了一步，也离理解声波和布莱恩·伊诺的电子合成器更近了一步。我们能从图像中直观地看出，正弦函数可以描述纯粹波的运动。为了更透彻地理解这一点，我们试着把这种振动粒子的例子扩展到连续物体上。

情形 4：另一种变力。让我们想象一下拨动一根吉他弦，并且只考虑弦上的一小段。一个简化而精确的描述弦的模型，是想象那些构成弦的原子（微观的质点）彼此之间以弹簧相连。在这种统一的原子链条上，每个原子都独立地相对于一个平衡位置来回振动，正如系在弹簧一端的重物的振动一样。我们用 u 来表示来回振动的距离。

在情形4中，每个独立的质点都会通过弹簧拖动分布在 x 方向上的相邻质点，于是，有趣的事情就出现了（图8-4）。

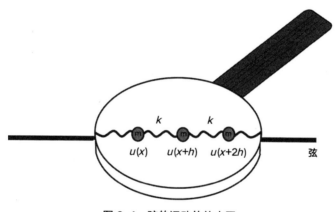

图 8-4　弦的运动的放大图

当一个质点拖动一个、一个又一个邻居时，某个波就会沿着弹簧传播，导致每个质点都开始振动，于是这种振动就会在质点之间传播——这是一种传播的扰动。当然，与那些分离的质点不同，弦本身是连续的，所以我们用导数来缩小弦与弦之间的距离。从本质上说，我们描述的是一个连续的实体。想象一下足球场边的球迷形成的"人浪"吧。从远处看，我们只看到"人浪"在球场边流动，而无法分辨出单独的个人。我们与这些球迷的距离就像导数一样运作，把一个球迷与另一个球迷之间的距离缩小到几乎为零。

在这种情形下，牛顿方程用一个关于时间与位置的函数 $u(x, t)$ 描述了整条弦的来回运动，这个函数具有如下的奇妙形式：

$$v^2 \frac{\partial^2 u(x,t)}{\partial x^2} = \frac{\partial^2 u(x,t)}{\partial t^2}$$

由于现在有两个变量 x 和 t，所以存在与这两个变量相关的导数。这个方程告诉我们，弦在某点的弯曲程度（对 x 的二阶导数）会导致弦在那一点加速（对 t 的二阶导数），也正是这个方程描述了振动弦的运动。毕达哥拉斯若是泉下有知，想必也会和我们一起欣赏这一非凡的洞见吧。

这个方程的解依旧是一个正弦函数，它有高度（振幅）和波长（一个波峰到另一个波峰的距离）。正弦函数有两种纯粹的形式，即正弦波与它的导数余弦波，而余弦波仅仅是正弦波的平移。一个惊人的事实是，任意数量的正弦函数之和依旧是一个正弦函数。这些波的高度与波长以这种方式相叠加，从而使得波的本质保持不变，并且使解依旧是波的方程。纯粹波的这种可叠加性质就是傅立叶理念，它隐藏在伊诺的作曲方式中，并且告诉我们，振动弦的所有形状都可以通过纯粹波的叠加得到。这意味着 $u(x, t)$ 的方程不仅描述了一个纯粹波，还可以描述波的所有叠加形式。

傅立叶理念：任何随时间变化的复杂波形（比如复杂的声波），都可以分解为不同频率和振幅的纯粹正弦波之和。

在这个意义上，纯粹的谐波正弦波可以用来制造任何复杂波形，这简直就是魔法。将两颗石子扔进池塘，它们各自产生独立的波形，并且最终会彼此接触。这些波可以彼此干涉，使强度增强或者减弱。如果波峰或者说最高点是一致的，那么它们的叠加就会彼此增强，产生的波会具有相同的频率，但振幅增大。然而，当一列波的波峰恰好遇上另一列波的波谷时，两列波则会彼此相消。

因此，傅立叶变换的核心是波的干涉。雨落池塘时，众多雨滴会产生彼此作用的水波，并在水面上形成漂亮（有时是混乱）的图案。现在我们可以用数学语言来表达傅立叶理念了（图 8-5）。简而言之，方程是：

一个随时间演化的复杂波形 = 一系列正弦波的叠加

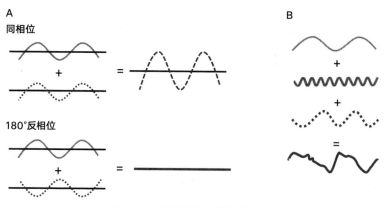

图 8-5 波的干涉与傅立叶理念

注：A 图显示了波的干涉中的增强与减弱。B 图通过叠加不同频率的纯粹正弦波表达了傅立叶理念，这些正弦波叠加在一起形成了一个复杂的波形[2]。

由于复杂的波形可以随时间演化，所以我们称非平凡的（复杂的）信号为函数 $F(t)$。强大、美妙且无所不在的傅立叶变换就是一个数学方程，它可以按照振幅 A 和频率将 $F(t)$ 分解为不同的子波。于是，方程如下[3]：

$$F(t) = \sum_n A_n \sin(\omega_n t) = A_1 \sin(\omega_1 t) + A_2 \sin(\omega_2 t) + A_3 \sin(\omega_3 t) + \cdots$$

在图 8-5（B）中，我们可以看到波函数 $F(t)$ 是由等号下方的实线曲线表示的。如图 8-5（A）所示，我们可以应用波彼此干涉后强度会发生变化这一性质，通过叠加纯粹正弦波得到波函数。正是应用了这一理念，电子元件才从振荡器中产生了电子音，这是现代电子合成器的关键之处。

傅立叶变换是一种数学运算，通过指定当前的频率与振幅，把复杂函数分解为子纯粹波。我们可以从上图非常清楚地看到这些。傅立叶逆变换是一种逆向数学运算，即在知道各个子波的振幅与频率的前提下，我们可以得到原来的关于时间的复杂波函数。傅立叶变换是物理学、工程学和计算机科学中最常用的工具之一（图 8-6）。电路中需要它，在地球和人造卫星之间通过电磁波收发信号的理论基础也是它。傅立叶变换还是理解宇宙结构形成机制的关键。

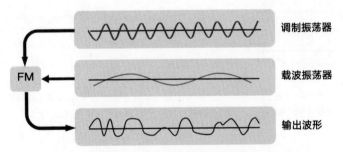

图 8-6　伊诺在他的作品中使用的调频音乐合成技术

现在我们有了探究被称为"共振"的普遍现象的工具。声音、音乐以及量子宇宙中的许多奇迹都离不开共振（图 8-7）。萨克斯能否奏出特定的音符，粒子加速器能否产生粒子，都取决于共振的物理学。实际上，共振是物理学中最普遍的现象之一。简而言之，共振是振动能量高效地从一个物理实体传递到另一个物理实体的途径。很多物体都有一个固有频率，尤其是乐器（以及我们即将讨论的量子场），所以在受到扰动时会以一个（或一组）特有的频率振动，这些频率由物体材料的属性决定。关于固有频率，最简单的例子就是系在弹簧一端的重物，仅有的两个参数是质量和弹簧的劲度系数。

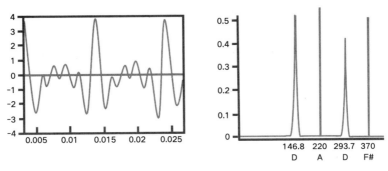

图 8-7　D 大调和弦的振幅 – 时间图与傅立叶变换

注：左边的信号表示 D 大调和弦的振幅 – 时间图。右边的曲线是傅立叶变换，显示了振幅与频率的分解。值得注意的是，在右图中，只需要 4 种频率就可以重构左图中的波形。这 4 种频率正是 D 大调和弦中的 4 个音符。

把牛顿第二运动定律应用到与弹簧相连的重物上，我们就可以得到有关这个系统"固有"频率的方程 $\omega = \sqrt{\frac{k}{m}}$。这个方程表明，弹簧的劲度系数越大，系统振动得就越快（因为它的波矢 k 更大）；重物越重（其质量 m 越大），系统振动得就越慢。如果一个外力以与固有频率不同的随机频率不断推或拉重物，弹簧依旧会振动，不过它的振幅（重物走过的最大距离）将会变小。而如果驱动力的频率与固有频率相当，则会发生一些不同寻常的事情，即振动的振幅会迅速增大。这正是乐器，甚至粒子加速器的工作机制。

由于弦可以被看作一系列用弹簧连接的质点，所以它具有许多较高的共振频率。实际上，我们是用傅立叶理念推导出这些频率的。乐器被设计成在一组与音阶的各个音符相对应的离散频率上共振，其中的关键之处在于得到一系列驱动频率（比如振动的簧片或者从笛孔流出的气流），并控制乐器中的哪个频率发生共振。例如，在木管乐器中，这是通过关闭乐器上的一个音孔来实现的。

通过傅立叶理念，牛顿运动定律揭开了振动与共振的秘密，我们也因此得以理解复杂的波形是如何产生于简单的波形，并能用简单的波形构造复杂的波形。我们很快就会讲到，傅立叶理念可以应用于4种基本作用力，而且这是理解宇宙结构的关键。在此给读者一点提示：如果宇宙结构是某种振动模式的结果，那么是什么引发了振动呢？宇宙本身是否表现得就像一件乐器呢？

The Jazz of Physics

第三部分

宇宙本身是否就是一件乐器

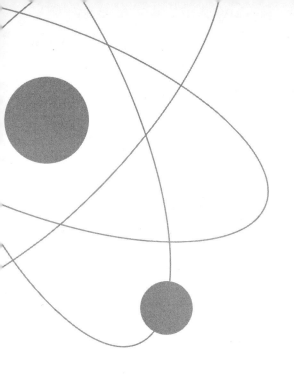

09

野心勃勃的物理学家们

The Jazz of Physics

理论物理学家吉姆·盖茨（Jim Gates）是与我关系最亲密的导师之一，也是超引力理论方面的先驱，而我在帝国理工学院研究的正是这一理论。盖茨曾告诉我，研究理论物理就像在没有声音的行星上长大的作曲家试图创作音乐一样。在试图追寻 140 亿年前宇宙中到底发生了什么时，我们确实有这种感受。有些时候，唯一能帮助我评估自己的进展、让我再次脚踏实地地开展研究的，就是我从我的博士生导师罗伯特·布兰登伯格身上学到的叛逆精神和冒险精神，它们能造就有益的成果。我忽然顿悟，偶尔转身拥抱新事物正是振兴旧事物的秘诀。

有趣的是，在我离开物理系研究生院的那一天，量子场论引起了我的兴趣。盖茨曾这样描述量子场论：探究大爆炸的原因就像试图在没有声音的行星上作曲，而我在其中迷失了。我想寻找一些更基础、与现实联系更紧密的事物。埃尔温·薛定谔（Erwin Schrödinger）于 1946 年完成了著作《生命是什么》（*What Is Life?*），他在书中把量子力学应用于生物学领域。而薛定谔也提出了量子力学中的基础方程薛定谔方程。读完后，我对生物物理学产生了浓厚的兴趣。毕竟，生物与非生物都由分子组成，而支配它的是量子力学。

周期性重复的自组织原子可以形成非生命物质，就像伊辛模型中周期性的电子自旋产生了不同形式的磁力。薛定谔睿智地推断出，生命中隐含的基因编码应该是一种准周期结构，就像一条螺旋线。顺着螺旋线的垂直轴向下看，你会看到一个圆像波一样周期性地运动。然而，从侧面看，周期性却消失了。詹姆斯·沃森（James Watson）、弗朗西斯·克里克（Francis Crick）与莫里斯·威尔金斯（Maurice Wilkins）受到启发，致力于寻找 DNA 的双螺旋结构（图 9-1），最终他们成功了，并因这项发现共同获得了诺贝尔奖。结构与组成物之间存在着一种有趣的联系——螺旋结构保证了生命体在存活期间储存基因物质所必需的力学稳定性。

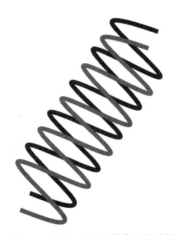

图 9-1　DNA 双螺旋的准周期结构

退出物理学界，成为生物学新人

因此，我打算退出物理学界。我必须和他人交流一下我的想法。杰拉德·古拉尔尼克（Gerald Guralnik）是希格斯玻色子的发现者之一，他也因此而为人们所知。他操着一口美国中西部口音，行为举止酷似泰迪熊。作为一位有着极高威望的物理学家，他非常平易近人，并且很关心学生的前程。和他的导师朱利安·施温格（Julian Schwinger）一样，古拉尔尼克也喜欢开快车，还喜欢在喝完一杯啤酒之后闲聊一会儿。他授课技艺精湛，课堂总是座无虚席。

"斯蒂芬，退出物理学界并没有什么……但是，不要退出科学界，"古拉尔尼克一脸关切地说，"你的新兴趣是什么？"

我告诉古拉尔尼克，我想了解生命的量子起源。沉思了片刻后，他说："我有个想法。我有没有和你说过，我曾经错过了诺贝尔化学奖？"但是，他是理论粒子物理学家，所以我以为他是在开玩笑。原来，他以前的博士生导师沃利·吉尔伯特（Wally Gilbert）曾与沃森合作，共同研究一个分子生物学方面的问题，并希望他加入团队。吉尔伯特离开了粒子物理学界，进入了生物学界，并且希望古拉尔尼克也跟随他的脚步。"我才不要去呢！"古拉尔尼克说，"然而，谁会想到他会因为在 DNA 基因测序方面的工作而获得诺贝尔奖呢？我现在就给吉尔伯特打个电话。"

古拉尔尼克拿起电话拨号，电话很快就接通了。"嘿，吉尔伯特，我是古拉尔尼克。我这儿有个学生想见一见你，他正在考虑进入生物物理学领域。上次听到关于你的消息时，你还是哈佛一个项目的负责人。"电话的那端传来了一阵杂音。古拉尔尼克接着说："好的，我会让他下星期去见你。"

我和吉尔伯特见面后，他慷慨地用 3 个小时的时间向我讲述了自己作为一位科学家的历程。他非常理解我目前的处境，并在哈佛医学院为我找到了一份有关 X 射线晶体学的工作。X 射线晶体学可以应用于确定病毒的三维原子结构。我收拾好自己的书，离开了布朗大学物理系研究生院。

我已经准备好进入哈佛医学院的"广阔天地"了。布朗大学物理系的研究生总是挤在狭小的空间里，里面充斥着浓咖啡的味道，以及不洗澡的学生身上散发出来的怪味。狭小的窗户、彻夜不眠、大量的习题都是常态。几年之后，当我们听到一则传闻说布朗大学物理系的大楼是由一位监狱建筑师设计的时候，我们一点儿也不惊讶。

当我抱着一个装满书的箱子走出巴拉斯与华立楼（Barus and Holley Building）的 122 号房间时，我看到有位同学的桌子上放着一本教材，封面上写着"量子场论……"，但自那之后我再没有见过它。那位同学当时不在，所以我偷看了一眼，犹记得前言的开头部分是："量子场论结合了狭义相对论与量子力学，它指出，所有的物质及其相互作用都是由场的共振构成的。它提供了一个新的视角，认为整个宇宙就是由这些场构成的交响乐团。"

我竟在退出物理学界那一天发现了这样的瑰宝，幸何如之！当我的大脑兴奋地转动时，我几乎能感觉到新的神经连接正在形成。手中的箱子十分沉重，而我终究还是离开了，但是这幅场景铭刻在了脑海里。我被量子场论深深地吸引了。

所有生命都是量子现象

我在霍格尔实验室（Hogle lab）度过了一个充满挑战的暑假，每天都竭力避免接触致命的化学物质。我的导师是吉姆·霍格尔（Jim Hogle），他运用在威斯康星大学的群论课上学到的对称性原理，发现了动物病毒（脊髓灰质炎病毒）的三维结构（图 9-2）。他天资聪颖、成就无数，总是对我提出的推测性理念表示肯定，因此对我的影响尤深。有一天，霍格尔随意又严肃地对我说："你知道吗，斯蒂芬，我很敬佩那些为生物学做出贡献的物理学家，但物理学家必须尊重生物系统中的复杂性。世界不是由球形母牛构成的。"① 他开了一个小玩笑，讽刺那些试图理解复杂事物的物理学家所做的一切简化。从方程中找出对称性是一种非常重要的方法，但实际上，在纸上画出一头球形母牛比画出现实中的不规则事物要容易得多。毕竟，无论你站在那头球形母牛表面上的什么地方，它看起来都是一样的。

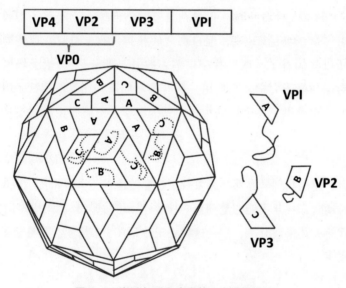

图 9-2　脊髓灰质炎病毒的二十面体对称

注：用字母 A、B、C 标示的亚基是构成三角形衣壳的蛋白质。20 个三角形衣壳在
　　12 个顶点上相遇，赋予了这个三维二十面体对称性。

---

① 这里是在讽喻物理学家的某些模型太过抽象化与理想化，与现实问题脱节。类似的提法
　 出自一个笑话：农场主请物理学家解决鸡场的瘟疫问题，物理学家经过一番测量与建模之
　 后，说："问题搞定了，但是我的理论只适用于真空中的球形母鸡。"——译者注

在进入生物学领域之前，我以为对称性的力量仅仅体现在物理学上，然而我错了。我了解到，病毒天生便具有不同程度的对称性。与乐高积木一样，单一的蛋白质会自组装为病毒的二十面体结构。布兰登·奥格博努（Brandon Ogbunu）是我的朋友，也是麻省理工学院的生物物理学家。他认为，在生物系统中，小到分子，大到生物体本身，都存在对称性，因为这能最大化其进化的适应性。我们双腿的两侧对称就是一个简单的例子，我们若想在丛林中奔跑和捕猎，两条腿的长度就必须相同。多种对称性赋予病毒多样的功能，例如，提供机械稳定性以及高效地依附在宿主细胞上的能力。更重要的是，病毒是由成千上万个原子构成的，知道它们在三维空间中的精确位置反而增加了确定其结构的难度。它们的结构表明，病毒以及构成它们的分子都是一种量子现象。

对称性看起来似乎是粒子物理学与生命功能之间的关键连接点，然而科学界关于还原主义的争论一直潜藏在我的思维中。我在霍格尔实验室工作时曾读过一篇题为《多即不同》（*More Is Different*）[1]的短文，作者是诺贝尔奖获得者菲尔·安德森（Phil Anderson），他在文中简洁有力地讨论了这场争论，争论的焦点是对称性与基础物理学。粒子物理学家在探索更小的距离与更高的能量时发现了新的对称性，这简化了基本粒子的相互作用。这种对称性的基本框架是由量子场论来描述的。对此，安德森持有不同观点，他认为："基本粒子物理学家给出的基本法则的性质越多，它们看起来与其他科学领域中的实际问题就越不相关，更不用说社会问题了。"他指出了一个关键点，即在复杂现象发生的尺度上，基本粒子物理学中发现的高度对称性不再起作用：

> 事实证明，大而复杂的基本粒子集合的行为并不是少量粒子的性质的简单外延。相反，不同程度的复杂性都会产生全新

的性质，而若想理解这些新的性质，就需要开展新的研究，我认为这种研究在本质上与其他研究一样重要。

换言之，像霍格尔发现的病毒这样的生物系统，正是由量子场论所描述的基本粒子构成的。不过，整体并不等于局部的简单相加，比如，固有的对称性会随着原子与分子数量（也即复杂度）的增加而减少。复杂病毒的对称性虽然很小，但并不是不存在。从基本粒子到生命，再到宇宙本身，甚至音乐，这些现象虽然看上去毫不相关，但似乎都存在着对称性与对称性破缺的博弈。

霍格尔明确地告诉我，生物学的发展需要以物理学为基础，因为总有一天，生物学将发展到足以解决诸如量子力学在病毒功能中的作用等问题。"我们还没有走到那一步。"他承认。霍格尔这是在委婉地告诉我，我天生就不是做实验生物化学家的料。事后想来，他是对的，我非常感激他。

古拉尔尼克很高兴看到我回心转意。我回到了布朗大学物理系研究生院，继续充满动力地钻研量子场论成为物理学的基本语言的原因，以及它与对称性和对称性破缺的关系。也许有一天，我将明白生命是如何出现的，这也是布兰登伯格正在研究的课题。他在阿兰·古斯（Alan Guth）的宇宙膨胀理论的基础上继续探索，并发现了量子场论为宇宙中现有的大尺度结构提供"种子"的方式。宇宙中的大尺度结构并不是生命本身，但若离开了行星和恒星，生命也将不复存在。布兰登伯格重新对量子场论产生了兴趣，现在我也一样，不过我是通过生物物理学发现这一兴趣的。作为一位训练有素的物理学家，我一直坚信美与优雅在于对称性，然而生物学告诉我，在破缺的对称性中存在着深刻而美丽的事物。我与布兰登伯格的任务是探索早期宇宙中存在的微小不对称性，后者最终让人类诞生。

这个过程必然存在一定的风险。这有点像在一场爵士乐独奏中，演奏者突然意识到这个时候需要一个刻意为之的错误音符。我的一位爵士乐老师曾经说过："你要勤于练习，熟练掌握所有的音阶和长音，这样在独奏进行到一半时，如果你要演奏那个错误的音符，你就可以像一位杂技演员一样从容应对。"我决定在我的研究中演奏一些错误的音符，并付诸了行动，在这个过程中我受益良多。

10

我们生活于其中的空间

布莱恩·伊诺是一位声音宇宙学家，当我开始思考他向我展示的宇宙结构时，我还在应用老方法——爱因斯坦的广义相对论来研究这个问题。自丹尼尔·卡普兰先生在办公室里告诉我爱因斯坦关于时空的突破性理论以来，我就踏上了研究它的道路。20 年后，我在研究生期间终于掌握了它，并能够运用爱因斯坦场方程来理解宇宙的时空结构。这与我解决研究生课程中枯燥的习题以及考试是大不相同的。现在，我可以即兴使用爱因斯坦场方程，就像我用萨克斯演奏每一个新掌握的音阶一样。我是宇宙学家，我研究的对象是宇宙与时空，以及其中的物质。

空间远比运动在其中的物质更有趣

宇宙空间与把你和书本隔开的空间一样。几个世纪以来，哲学家和天文学家都假定空间是空无一物的，是一种真实物质运动于其中的"惰性介质"。然而，几千年后，睿智的哲学家证明这种观点是错误的。爱因斯坦就是其中之一，他敢于质疑已被广为接受的物理学基本假设，并向我们展示了：空间远比在其中运动的物质更有趣。

爱因斯坦首先质疑的就是引力。伽利略在比萨斜塔上所做的实验证明，两个质量不同的铁球会以相同的加速度下落。爱因斯坦把这个实验延展到了地球之外的太阳系，进而永久地改变了牛顿对引力和运动的描述。爱因斯坦从一个思想实验开始，下面是这个实验的现代版本。

假设一个人坐在静置于地球上的太空船中，另一个人坐在太空中的太空船里。地球上的人受到地球的引力，并且感觉不到运动。对太空中的人来说，只要太空船不动，他就会飘浮起来，因为太空中不存在引力。如果太空船加速，那么这个人就会感觉到自身具有重量，因为他会被推到太空船的地板上。爱因斯坦推断，一个人无法区分自己到底是静止于某个常引力场中，还是在空无一物的空间里做加速运动。他认为，这两种情况在物理学上是等价的，区别只在于运动的相对状态。这个"等价原理"（equivalence principle）正是爱因斯坦广义相对论的关键。

这个简单到甚至带着孩子气的想法，却把数学上最美妙的分支之一——微分几何，带到了引力物理学的前沿。微分几何可以用于描述一个坐标系统。利用坐标系自身的性质，爱因斯坦概括了自己的理论，从而创建了广义相对论。他认为，时间与空间本身的结构是由物质的结构决定的。他把时间与空间统一为一个单一的坐标实体——时空，并且描述了它在物质和能量存在时是如何弯曲的，以及物质如何在弯曲的时空中运动。物理学界的泰斗约翰·惠勒（John Wheeler）曾说："物质决定了时空如何弯曲，而弯曲的时空决定了物质如何运动。"

所以，在爱因斯坦太空船的例子中，一个乘客经历了加速度，是因为地球弯曲了空间，从而产生了引力。对另一个乘客而言，太空船助推器产生的能量弯曲了空间，从而使太空船加速。

爱因斯坦的方程可以用来描述整个宇宙的时空

在爱因斯坦进行自己的思想实验时，水星绕太阳公转的轨道还是物理学中的一个未解之谜，它与牛顿的引力理论所预言的轨道是有偏差的。1915年，爱因斯坦提出了弯曲时空理论，并且计算出了水星绕太阳公转的反常运动。水星离太阳太近，所以它的开普勒轨道被太阳的巨大引力效应改变了。爱因斯坦确信，水星的轨道揭示了太阳弯曲其周围时空的方式。1919年，随着爱因斯坦的预言被证实，所有宇宙学家的职业生涯都发生了巨大的变化。爱因斯坦曾预测，在日蚀来临之时，位于太阳后方的某颗恒星将被发现，因为它的光线将沿着太阳附近的弯曲轨迹传播。他的预测是正确的，然而这只是冰山一角。不可思议的是，在我们的太阳系之外，爱因斯坦的方程还可以用来描述整个宇宙的时空。

广义相对论是一个既美丽又令人敬畏的理论，它极端复杂，难于应用。广义相对论既提供了物体运动的方程，又提供了描述时空中引力场弯曲程度的方程，这让其极难求得精确解。与牛顿以一个方程确定的引力理论不同，广义相对论有 10 个彼此相关的微分方程，它们必须被同时求解。不过，爱因斯坦和那些试图求解这些方程的同时代的人并未因此而驻足不前。

爱因斯坦的理论对太阳系很适用，并且解释了水星的反常运动，但当把那些理论应用于整个宇宙时，爱因斯坦就感到困惑了。他的理论预言，宇宙必须是膨胀的。然而，当时的观测结果表明，宇宙是静态的。爱因斯坦凭自己一如既往的聪明才智，通过将一个名为"宇宙常数"的常量引入自己的引力场方程来抵消膨胀，从而"修正"了膨胀的问题。

1927 年，天文学家埃德温·哈勃向爱因斯坦展示了他的数据。爱因斯坦意识到，引入这个宇宙常数是他"一生中所犯的最大错误"。通过拍摄星系的照片，哈勃得以计算出它们之间的相对速度和距离，这在历史上尚属首次。如果宇宙是静态的，那么无论处于哪个位置的星系，都应该有着相同的速度。出乎所有人——尤其是爱因斯坦意料的是，结果显示，所有星系彼此之间的距离越远，运动速度就越大。爱因斯坦立即意识到，这意味着宇宙在膨胀。

正如结果所示，宇宙膨胀这一事实有利于找到爱因斯坦方程的解，因为它可以把哥白尼在大约 1500 年提出的应用于太阳系的相同原理——地球不是宇宙的中心，应用到宇宙之中。4 位物理学家通过这种方式，并应用爱因斯坦的理论，各自独立地找到了描述完美对称的膨胀空间的精确解。

为了应用哥白尼理论，我们需要回到过去。既然宇宙在膨胀，那么理论上我们可以把宇宙的钟表往回拨，并且进行压缩。随着宇宙的收缩，恒星、行星和星系中的物质会被压缩到越来越小的空间中。如果我们把钟表回拨到足够早的时候，那么所有这些物质中的原子都会开始发生变化。在我们通常接触的低能尺度上，电子均被束缚在原子核中。然而，在致密状态下，热能会汹涌而出，把电子推离它们的轨道。这意味着，在宇宙大爆炸之后，早期宇宙中充斥着炎热而致密的自由电子、核子与光子。早期的宇宙中还随机分布着大量高能物质和辐射。这是一团沸腾的等离子体，没有任何结构，只是一个"原始火球"——这正是一种"哥白尼宇宙"。这听起来可能很无趣，但它至少是一个能用爱因斯坦方程得出精确解的宇宙。这种对早期宇宙的设想引出了一个最终将由我来解决的问题："是什么力量把这些早期等离子体转变成了我们抬头就能在夜空中看到的恒星、行星以及星系？"

在某些人看来，一个好的物理理论应该是完美的，我那些致力于寻找"万物至理"的同事更是这么想的。我不相信我们能找到这种完美的理论。大自然就像一位伟大的即兴演奏者，总是会给我们带来惊喜，而我们的理论却无法解释或者预言这些惊喜。此外，一个好的物理理论总是指向自己失效的根源，这正是爱因斯坦面对宇宙膨胀假说时的情形。对于我们观测到的星系中轻元素的比例，以及哈勃定律中退行的星系的比例，这一假说做出了精准的预言，但它本身并不能告诉我们是什么推动了结构的形成。我们的解决方法是：保留理论的正确预言，并回避理论的不当之处。让我们一起去寻找宇宙的"元凶"吧。

"点燃"宇宙的膨胀

也许关于膨胀宇宙最重要的预言来自第一种元素形成时期。高度压缩的炽热电子分散开来，然后逐渐冷却，其运动也变得温和起来。质子正在等着捕获这些电子，而第一个轻元素氢即将诞生。氢元素诞生的条件形成于大爆炸后38万年左右，那时宇宙的温度已经冷却到3 000开尔文[①]，大约是5 000摄氏度。在这个温度下，粒子的能级足够低，使得电性相左的质子与电子之间的库仑力可以发挥作用，把它们结合在一起，从而形成氢元素。然而，大部分电子依旧是高能的，这使得氢元素十分不稳定。为了形

---

① 开尔文是国际单位制中的温度单位，符号为 K。——编者注

成稳定的氢元素，电子必须落到可能的最低能级上，这意味着多余的能量必须以光子的形式释放出去，其特征温度大约为 3 000 开尔文。此时，宇宙真的是在发光。

早在 1948 年，乔治·伽莫夫（George Gamow）、拉尔夫·阿尔菲（Ralph Alpher）和罗伯特·赫尔曼（Robert Herman）就预言了这一结论。爱因斯坦的方程可以精确地描述数十亿年前的宇宙的情况，这的确令人敬畏，也鼓舞人心。然而，更鼓舞人心的是，我们可以通过寻找早期宇宙发光的遗留物，来证明这个时期存在的证据。这个寻找过程将是对大爆炸范式，以及充斥着等离子体的早期宇宙是否如所有人认为的那样是均匀的这一预言（哥白尼学说）的一次重大检验。

多年来，宇宙学家一直在寻找人们期望发现的弥漫在所有空间中的残留辐射。随着宇宙的膨胀，那个时代的光波的波长将会延长 1 000 倍。这将致使宇宙中弥漫着微波波段的光子，就像微波炉一样。1967 年，在美国新泽西州的贝尔实验室，工程师阿尔诺·彭齐亚斯和罗伯特·威尔逊"阴错阳差"地发现了宇宙微波背景辐射，两人因此获得了诺贝尔物理学奖。在用天文望远镜检测离散的电磁波信号时，彭齐亚斯和威尔逊发现了一种持续的干扰源。为了消除它，他们将天文望远镜与一系列干扰信号隔离开来，这些干扰信号包括其他无线电波、来自机器本身的热量，甚至在绝望中，他们还动手清扫了设备表面的鸽粪。即便这样，他们也没能消除掉一种特殊的背景噪声，它几乎均匀地来自各个方向。最终他们推断，这种背景噪声来源于他们的机器之外，来源于地球之外。对于普林斯顿大学的宇宙学家罗伯特·迪基（Robert Dickie）、吉姆·皮布尔斯（Jim Peebles）和大卫·威尔金森（David Wilkinson）来说，这正是他们一直在寻找的特殊事物，而彭齐亚斯和威尔逊恰好碰上了。普林斯顿大学的研究小组研制了迪基辐射探测仪来寻找这种背景辐射。更重要的是，他们已经具备了估测它的能力。

宇宙微波背景辐射环绕着我们，它无处不在，是第一个稳定原子形成的印记。随机的宇宙微波背景辐射光子有力地证实了宇宙学原理和宇宙膨胀范式。然而，早期宇宙的遗迹中隐藏着一个重要的问题。这个问题的发现将打开潘多拉的魔盒，并揭示出爱因斯坦宇宙膨胀理论存在的缺陷。

标准的宇宙大爆炸模型预言，宇宙微波背景辐射中的粒子具有相同的温度。然而，如果气体中的每个粒子温度相近，那么，它们必须时时相互作用，才能保证这种稳定性与热力学的平衡。因此，它们在过去一定有着某种联系。想象一下来自两个相对方向的宇宙微波背景辐射。电磁辐射（无论是可见光、无线电波，还是微波）以光速运动，这是物理学允许的最大速度。

我们可以回溯宇宙膨胀，倒回到大爆炸发生后 38 万年的时刻，来看看那些以光速运动的辐射。我们追踪着来自一个方向的辐射到达宇宙中的一个特定区域，并追踪着来自反方向的辐射到达另一个区域。这包含了两个区域的辐射到达我们的时间，然而，这两个区域若想实现相交则需要更长的时间，因为它们与我们的方向是相对的（图 10-1）。假定我们根据遥远星系之间的退行速度，测量出了宇宙的膨胀速率，那么就会出现一个令人困惑的结论：相比整个宇宙的寿命，这两个区域中的宇宙微波背景辐射相遇所需的时间要更长！这就是所谓的"视界问题"（Horizon Problem）。大爆炸模型的巨大成功，以及宇宙微波背景辐射的热力学平衡预言，恰恰让它们失效了。

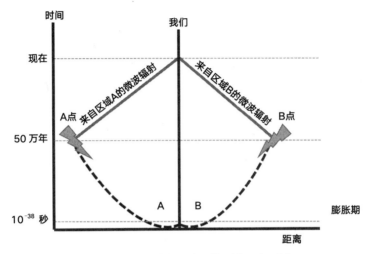

图 10-1　未发生相互作用的区域 A 和区域 B

注：区域 A 与区域 B 表示尚未发生相互作用的等温微波辐射。大爆炸模型缺乏一
　　种使这些区域达到热力学平衡的因果方法，除非达到这种平衡所需的时间比宇
　　宙的寿命还要长。

　　在宇宙微波背景辐射被发现后不久，年轻的研究生布鲁斯·帕特里奇
（Bruce Partridge）及其导师威尔金森建造了一个探测器，以探测大爆炸之后
38 万年的辐射，看看其是否如哥白尼均匀理论所暗示的那样毫无特征可循。
他们希望能找到被称为宇宙微波背景辐射各向异性的不规则性，以了解诸如
星系团和星系等不规则结构的由来。

　　帕特里奇与威尔金森的想法是，如果在原始火球中存在一些微小的涨
落，那么它们就会随着宇宙的膨胀变为大密度的涨落——这种变化会带来引
力不稳定性，从而导致物质在引力的作用下开始坍缩，最终形成结构。这是
一个优美的理论：各向异性是大尺度结构形成的基础。如果找到这种各向异
性，我们就能更好地理解宇宙是如何从哥白尼式的开端，演化为现在这个截

然不同的宇宙的。不幸的是，帕特里奇与威尔金森的探测器没有找到任何各向异性（图 10-2）。不过，探索仍在继续。

VOLUME 18, NUMBER 14　　　PHYSICAL REVIEW LETTERS　　　3 APRIL 1967

ISOTROPY AND HOMOGENEITY OF THE UNIVERSE FROM MEASUREMENTS OF THE COSMIC MICROWAVE BACKGROUND*

R. B. Partridge and David T. Wilkinson†
Palmer Physical Laboratory, Princeton, New Jersey
(Received 2 March 1967)

A Dicke radiometer (3.2-cm wavelength) was used to make daily scans near the celestial equator to look for possible anisotropy in the cosmic blackbody radiation. After about one year of intermittent operation we find no 24-h asymmetry with an amplitude greater than ±0.1% (of 3°K). There is, however, a possibly significant 12-h anisotropy with an amplitude of about 0.2%.

图 10-2　帕特里奇和威尔金森的论文摘要

注：帕特里奇与威尔金森发表在《物理学评论快报》（*Physical Review Letters*，1967年 4 月 3 日）上的论文摘要，阐述了探测宇宙微波背景辐射固有各向异性的初次尝试。

多年之后，我也研究了这些问题。那时，帕特里奇（学生通常称呼他为布鲁斯）就职于美国宾夕法尼亚州的哈维福德学院（Haverford College）。他彬彬有礼，广受尊重，在学生中以清楚、正统、极有条理的授课方式而闻名。他非常平易近人，这使他能与那些胆小、怯弱的学生打成一片——我就是其中一员。与我一样，在成为宇宙学家之前，威尔金森也是一个萨克斯乐手，但最终是帕特里奇在我的大学生涯中影响了我。在我大二时，帕特里奇邀请他在麻省理工学院的同事阿兰·古斯来到哈维福德学院，给我们班做一次演讲。在我生命中的那段时间里，物理学渐渐吸引了我，但那时的我有点目中无人。我佩戴着非洲勋章，穿着绘有马尔科姆·X 的 T 恤，还把头发扎成发辫，上课时总是坐在教室的最后一排，但从来不听课，而是戴着耳机听乐队"公共敌人"（Public Enemy）的黑人说唱歌曲。那是 1990 年，美国国家航空航天局的一颗人造卫星正在做一项实验，旨在寻找宇宙微波背景辐射中的各向异性，而这正是帕特里奇与威尔金森在 1967 年首次试图寻找的。

　　古斯是宇宙暴胀理论的提出者，他还提出了视界问题以及各向异性问题的解。古斯指出，如果宇宙在诞生之初经历了指数级增长，那么辐射传播的距离应该随着这种加速而暴增。这可以解释那些看起来不可能互相交流的区域之间的因果联系，它们之前被认为需要用比宇宙的年龄还长的时间来交流（图 10-3）。宇宙暴胀理论是一个建立在宇宙微波背景辐射观测上的宏大理论。进一步说，因为古斯的暴胀理论具有量子力学的性质，所以他能对假设的宇宙微波背景辐射各向异性的性质与起源做出预测。罗伯特·布兰登伯格热衷于探索早期宇宙的量子力学性质，而我那时还不知道暴胀理论将成为我未来工作的重点。

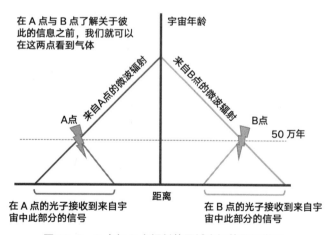

图 10-3　A 点与 B 点辐射的区域之间的因果联系

注：A 点与 B 点辐射形成的等边形区域，来自标准的大爆炸模型中无法相互作用的区域。在一段时间呈指数级增长，或者说暴胀之后，早期宇宙提供了解释宇宙微波背景辐射均匀性所需的因果联系。

也许我太沉迷于音乐本身了，那时我并没有意识到古斯访问哈维福德学院的重要性。我知道他很厉害，所以我决定稍微收敛我的叛逆行为。毕竟，这是自卡普兰之后，我第一次从他人口中听到爱因斯坦的广义相对论。这超出了我作为大二学生所学习的数学和物理学的知识范围。这是宇宙学。古斯描述了宇宙作为一个整体是如何演化以及展开的，这都体现了爱因斯坦在数学上的才华。宇宙微波背景辐射意义重大，结构形成的理论与之同等重要，而现在到了暴胀理论。这些知识非常难以消化。

古斯，这位来自宾夕法尼亚大学与普林斯顿大学的著名宇宙学家来到我们教室。听古斯关于暴胀理论的演讲，学生们都过于紧张，不敢提问。在演讲结束之后，帕特里奇说："我们先把提问的机会让给学生。"我颤抖着想举起手，却又本能地克制住了。"斯蒂芬，我看到了你想提问。"帕特里奇马上说道。他太了解我了。我感觉自己的心正随着扑面而来的幼稚感和愚蠢感而不断下沉。我不假思索便脱口而出："暴胀会做功吗？"在帕特里奇的入门课程中，我们了解到，当力使物体移动一段距离时，它就会做功。既然暴胀会让宇宙膨胀，那么是什么力促使宇宙发生暴胀呢？在不做功的前提下，宇宙膨胀有可能实现吗？物理学中最美妙的时刻，莫过于那些我们认为不可改变的"原则"被打破之时。我想知道这个问题的答案。古斯回答道："这个问题问得好……暴胀会做功，以'点燃'宇宙的膨胀。我们称其中间介质为'暴胀场'（inflaton field）。"帕特里奇并不知道，他的鼓励以及古斯对我问题的严肃回答对我产生了多么大的积极影响。即使到今天，我仍希望我的学生提出一些"愚蠢的问题"，因为这些问题往往很难回答。

最终，在帕特里奇与威尔金森首次寻找宇宙微波背景辐射各向异性的30年后，宇宙背景探测者（COBE）卫星直接探测到了它。在对宇宙微波背景辐射进行了4年太空探索之后，星载宇宙背景探测者（差别微波辐射探测器）探测到了微弱的变化。在寻找了有关人类起源的线索多年之后，宇宙学家终于进入了精确科学的黄金时期。这项发现让暴胀变得更为重要：如果没有它，那些无懈可击的缺陷就会加剧视界问题，因为这意味着我们需要用某种膨胀来解释近乎完美的热力学辐射，以及辐射模式中的微小涨落。暴胀也可以提供一种答案，但它的作用不止于此。

每一项发现似乎都会揭示出更深层次的问题。宇宙微波背景辐射海以及其中的各向异性已经得到确认。一直以来，天文学家孜孜不倦、一丝不苟地绘制着我们宇宙中的最大结构。哈勃望远镜成为地球观察宇宙的"眼睛"，它拍摄了地球周围的壮丽而多变的景象，比如星云和碰撞的星系。技术的进步让我们得以从多个视角看问题。那些对无线电信号、微波信号、红外线和伽马射线敏感的望远镜既可以独立成像，也可以协同成像。放大到最大的可观测距离上，这些望远镜为可观测的宇宙提供了一幅图景，并且给人们带来了一个惊喜。玛格丽特·盖勒和约翰·修茨若的大尺度结构图景显示，星系团中的星系聚集起来，形成墙状或条纹状。事实证明，宇宙中最大的结构呈均匀、各向同性分布，这就是"宇宙学原理"。利用不断发展的技术和自身的聪明才智，并经过多年的科学研究，我们终于发现宇宙中存在着很多层级的结构。

虽然宇宙结构层级现象的起源依旧是个谜，但在理解早期宇宙中的量子涨落如何在原本均匀的原始火球中制造分布的不对称性，以及它是如何被时空的暴胀式扩张所放大的方面，暴胀迈出了极为重要的一步。随后的观测旨在发掘出早期宇宙中各向异性的和谐，而它是不可能在缺乏宇宙视界的情况下产生的。为了更好地理解视界，我们现在转到声音上来。

11

会发声的黑洞

黑洞是物理学中已知的密度最大、最神秘的天体，潜伏在宇宙之网上每一个活跃的星系中。它是广义相对论中第一个可以精确求解的系统，最初只是作为一种理论构想而被提出。然而，黑洞被某种视界遮盖，这种视界与宇宙学中的宇宙视界相似。以黑洞为例，通过探索视界之外的"宇宙之声"，我们将在研究音乐与宇宙结构之间的联系中获得更深层次的直觉。

黑洞，已知最神秘的天体

　　与牛顿的一个方程相比，处理爱因斯坦的 10 个相关微分方程要困难得多。我们假设一系列重物通过弹簧连在一起，且这些重物都处于运动中。牛顿的微分方程可以应用于一个单独的重物，然而由于重物之间是相连的，所以一个重物的运动会影响与之相邻的重物的运动，进而影响它们的运动方程。我们需要一系列相关的方程来确定它们的最终运动。若想求解一个方程，就必须把所有的方程求解出来。与之类似的是伊辛模型中的磁性，相邻原子的自旋相互影响，最终影响了整个系统的相互作用。在爱因斯坦的微分方程中，质量不仅与质量相关，而且还与空间相关，因此，求解就更困难了。

为了真正理解爱因斯坦的 10 个相关微分方程背后的魔力，我们首先考虑它的一个特解。不过，鉴于它们的复杂性，很难想象出一个能满足它们的物理时空结构。我们不能再像处理牛顿方程一样，通过研究图像来猜测函数的形式了。即便在今天，在最先进的计算机的帮助下，我们仍然无法找到有趣的天体物理系统引力场的特解。在爱因斯坦发展了自己的理论之后，物理学家对他的新时空概念充满了好奇，并且渴望找到它的解。至于那些新手，他们使用了保罗·狄拉克的值得信赖的方法——利用对称性的力量。

数学对称性的伟大之处在于，它可以降低方程组的复杂性。我们假设存在两个独立的方程，分别描述了粒子 X 与粒子 Y 的振动。"对称性"情况的一个例子是，X 的行为与 Y 的行为完全一致。这样，两个微分方程就可以减少到一个，而一旦描述 X 或 Y 的解被找到了，另一个解自然也就找到了。

有时候，大自然中确实会出现偶然的高对称性情况，而物理学家乐于找到这些解。就爱因斯坦的微分方程来说，球对称性是一个很好的切入点。球体可以作为恒星（比如太阳）结构的模型。鉴于球体的几何结构，引力能被简化为以场源为中心的径向均匀场。这个想法是如此简单而自然，因此，在爱因斯坦发展了他的理论几个月之后，德国物理学家、天文学家卡尔·史瓦西（Karl Schwarzschild）就找到了那些方程的一个球对称解。不过，问题仍然存在。随着半径不断缩小，直到某个确定的数值（现在我们称之为"史瓦西半径"），这些方程揭示了某种奇点的存在——在数学上，就是那种你用零去除某个数时得到的值。物理学家不喜欢奇点，因为它们通常意味着具有无穷大的能量或者力的区域。实际上，就大多数奇点来说，当它们出现时，就表明我们的理论出了问题。然而，这个奇点指向的是某些全新的、令人敬畏的事物，其与我们的"球形朋友"——恒星有关。

当大量的星际尘埃云聚集、压缩，并开始发光时，一颗恒星就诞生了。在诞生后的几十亿年里，恒星会慢慢变老，最终走向死亡。不过，它们的"来生"非常有趣。在燃烧了一生之后，恒星耗尽了自身的燃料，接着冷却下来，由于缺乏向外的辐射压，它们最终会在内部引力的作用下坍缩。1931年，诺贝尔奖得主、印度物理学家苏布拉马尼扬·钱德拉塞卡（Subrahmanyan Chandrasekhar）表示，当走向死亡的恒星坍缩到一个很小的体积内时，它就会形成一种被称为白矮星（White Dwarf）的有趣事物。白矮星是原来恒星的残留物，依靠自身电子的简并压力来抵抗引力的作用。在未来的某一天，我们的太阳会变成一颗白矮星，收缩到与地球差不多大小。1939年，罗伯特·奥本海默（Robert Oppenheimer）与乔治·弗尔科夫（George Volkoff）在理查德·托尔曼（Richard Tolman）工作的基础上，向我们展示了质量比太阳更大的恒星，即便只比太阳大 1.5 倍，它们的引力也会非常大，电子的简并压力也无法抵抗引力的作用。这种恒星的残骸会进一步坍缩，最终需要中子来扛起抵抗引力的重任。结果会发生什么呢？中子星由此诞生。对于质量比太阳大 3 倍，甚至更多的恒星而言，中子也无法抵抗引力了。中子将会坍缩，而我们的理论将在我们理解的边缘摇摇欲坠。接下来，就是黑洞了。

黑洞是一种广义相对论史瓦西解的理论实体，并随着对恒星演化的理解成为一种物理可能性。1958 年（大约在同一年，利昂·库珀找到了超导的解），我心中的物理学英雄戴维·芬克尔斯坦（David Finkelstein）发现了一些重要的东西，让黑洞的故事变得更加有趣了。

芬克尔斯坦是一个安静而睿智的人，全身散发着天才的光辉，仿佛整个宇宙都存在于他的脑海之中。他所取得的成就影响深远，连有关量子引力的两大竞争理论的先驱——李·斯莫林与伦纳德·萨斯坎德（Leonard Susskind），都视他为导师。实际上，我也非常崇拜芬克尔斯坦。2014 年，我在达特茅斯学院召开了一场讨论会,以缅怀他一生所取得的成就。

　　芬克尔斯坦想要了解的是,一束光是如何在黑洞周围的弯曲时空中运动的。毕竟,正是来自遥远恒星的光在太阳附近的弯曲确证了爱因斯坦的观点,即引力实际上是大质量物体周围时空的弯曲。然而,芬克尔斯坦发现,光在黑洞附近的运动更为离奇。通过对支配时空的方程进行巧妙的变形,芬克尔斯坦发现,一个气泡状的球体区域环绕着奇点,任何进入该区域的事物(包括光本身)都无法逃逸。这就是约翰·惠勒引入"黑洞"一词来描述这种物体的原因。如果光无法从围绕着奇点的史瓦西区域中逃逸出来,人们就不可能看到它。任何进入这个区域的事物都会消失在黑暗之中。芬克尔斯坦发现的是一个单向的、不可见的球体表面,他称之为"视界"。视界之后的景象是不可见的,它与我们看到的宇宙过去的视界并非完全不同,这让我们对它的研究变得更加有趣。

研究黑洞前,我们要知道声音如何在水中运动

　　当芬克尔斯坦做出他的推断之时,黑洞还只是一个存在于科幻小说中的事物,属于推测,但它也是一个亟待探索的领域。当包括斯莫林在内的物理学家猜测黑洞在其奇点中孕育了婴儿宇宙时,我们也知道了,黑洞可以通过吞噬物质来增加质量,并且根据量子效应,它们还可以在事件视界附近辐射出粒子。对黑洞物理学的研究因芬克尔斯坦的工作变得更加坚实。事件视界虽然不可触摸,但它是确实存在的数学元素,或许还能解释宇宙的结构和古代宇宙的视界。为了更好地理解其机制,我们需要研究声音,尤其是声音在水中传播的规律。

　　加拿大理论物理学家比尔·昂鲁(Bill Unruh,图 11-1)发现了这种关于声

音的绝妙类比，而声音揭示了黑洞物理学的很多知识。在加拿大乃至全世界，昂鲁都是极受尊敬的理论物理学家。为了完成博士论文，我在他的母校温哥华英属哥伦比亚大学待了半年。昂鲁身材高大，满脸胡须，总是穿着背带裤。他经常会惊吓到其他物理学家，并且对任何可能出现的错误都极为敏感，但他对我非常宽容，即便我说了些蠢话。有一天，在英属哥伦比亚大学，他在我组织的第一场研讨会上发现了一个问题，并提出了修改意见。这是我第一次见识到他在寻找物理学概念类比上的天分。一年后，他的建议得到了完美的应用。

图 11-1　加拿大理论物理学家昂鲁

注：图片提供者为昂鲁本人。

应用有关波的力学基础，我们可以计算出水中声波的速度。方程如下：

$$c^2 = \frac{K}{\rho}$$

这个方程把声波的波速 c、介质的刚度 K 和介质的密度 ρ 联系在了一起。它表明，波速会随着介质刚度的增大而增大，并随着介质密度的增大而减小。声波在密度较大的气体中运动得较慢，比如在氧气中就比在氢气中运动得更慢；而在刚度更大的介质中运动得更快，比如固体。由于固体的密度比气体大，所以人们可能会认为声波在固体中运动得更慢，但是实际上固体的刚度比气体大得多，因而声波的速度变得更快。

　　为了理解黑洞的事件视界，昂鲁想象了一条顺流而下的鱼，而它的朋友另一条鱼则逆流而上（图 11-2）。在某一时刻，顺流而下的鱼跳进了一条瀑布。瀑布中水流的速度远远超过了顺流而下的水流的速度，因为引力使它们加速了。在向下冲的过程中，这条鱼大喊："嗨，我在往下掉！"然而声波是一种波，正如前面的方程所示，它在均匀的介质中以确定的速度运动。如果瀑布的速度比顺流而下的鱼发出的声波的速度快，那么声波永远不可能到达瀑布的另一端，并让另一条鱼听到。这是一场艰苦卓绝的抗争，它最终失败了。对顺着瀑布下落的鱼而言，它们可以听到这声音，但对另一端的鱼来说，则是一片静默。瀑布的边缘正是声音视界。对逆流而上的鱼而言，顺流而下的鱼只是消失了而已。如果看不到、听不到，对鱼来说就意味着感知不到。当然，如果它大声呼唤自己失散的朋友，那么声波将会顺流而下，并在水流的帮助下越过瀑布的边缘。这就是光在黑洞的事件视界附近的行为。光可以很容易地进入黑洞，但永远不可能出来。

　　广义相对论中的黑洞解具有一种少数物理学家提出过的预测性力量，即黑洞的事件视界的实在性。根据黑洞的解，如果一条鱼掉进了事件视界，那么无论它如何努力试图与黑洞之外的朋友联系，它的信息永远不可能逃逸到事件视界的另一端。更可悲的是，一旦一条鱼掉进了黑洞的事件视界，它就永远不可能再出来了，就算是大马哈鱼也游不出来。

图 11-2　顺流而下的鱼和逆流而上的鱼

注：我们可以通过瀑布来理解声音视界。顺流而下的鱼发出的声音用弧线来表示，由于声波的波速比瀑布水流的速度小，所以它不可能抵达瀑布另一端，让逆流而上的鱼听到。

听，黑洞正在"演奏"

黑洞不仅具有声音的性质，最近科学家发现，有一些黑洞还会发出让人上瘾的兴奋的声音。图 11-3 展示了英仙座星系团的某个星系中心的黑洞产生的声波。黑洞声波的音符相当于比钢琴上的中 C 调低 50 个八度的降 B 调。

视界的存在是爱因斯坦相对论的一般特征，我们对宇宙时空结构的研究深受其影响。对黑洞以及宇宙视界而言也是如此。不过，宇宙视界与事件视界又略有不同。与黑洞不同，宇宙视界是一个双向通道，光与物质可以从两条通道自由出入，这是由宇宙的膨胀和时间的流逝这两个因素的共同作用决定的。

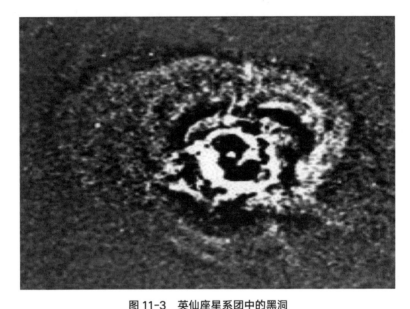

图 11-3　英仙座星系团中的黑洞

注：白色与黑色区域表示英仙座星系团中的黑洞"演奏"出的声音[1]。

由于涉及巨大的引力，所以黑洞的事件视界是十分独特的，它帮助我们理解了视界为何像某种边界。正是因为这种边界（宇宙视界）的存在，在宇宙微波背景辐射发出的那一刻，在第一个稳定原子形成的那一刻，共振才在宇宙微波背景辐射各向异性中产生了。与吉他中的琴桥为琴弦发生共振进而产生音符提供了必要的边界一样，正是因为宇宙视界的存在，宇宙中物质的扰动才会形成离散的音符。那么，是什么引起了这些由宇宙视界指板确定的振动呢？这就是量子力学的用武之地了。

12

声音与静默，
宇宙结构的和谐旋律

为了研究宇宙结构与音乐之间的联系，我于 2011 年在普林斯顿大学休了一年的假，以便与戴维·斯伯格（David Spergel）一起工作。他是威尔金森微波各向异性探测器科学团队的首席科学家，该探测器是一架太空望远镜，对宇宙微波背景辐射各向异性做出了一些精确的测量。我办公室楼下就是吉姆·皮布尔斯的办公室，他是最早一批试图确证我的期望的物理学家之一，即观测宇宙微波背景辐射的正确方式不是通过各向异性的透镜组，而是通过声音振动。

一切都要归功于声音振动

　　对于毕达哥拉斯与开普勒对音乐宇宙的直觉，皮布尔斯和他的研究生于哲（Jer Yu）是第一批尝试验证的人。他们发现，早期宇宙产生的声波的波长跨度达 30 万光年，这正是第一个稳定原子形成、宇宙微波背景辐射发出时的宇宙尺寸。这些声波对宇宙大尺度结构的最终形成做出了贡献。1970 年，皮布尔斯和于哲发表了一篇开创性的论文，题为《膨胀宇宙中的原始绝热微扰》（*Primeval Adiabatic Perturbation in an Expanding Universe*）。在论文的开头，他们总结道："原始火球中可能存在的辐射，或许能导向一个描述星系起源的理论。"[1]

等离子体由紧密结对的电子、光子与质子构成，它们像方块舞舞者一样完美地同步，如果不加扰动，它们会像平静的海面一般保持静止。然而，量子不确定性会引起原始量子扰动，从而使等离子体发生振动，在振动过程中，高密度的区域会向低密度的区域传递能量，声波因此得以传播。

一个革命性的观点是，为了在早期宇宙中形成大尺度结构，宇宙中必须包含一些不规则性，大概在 1/10 000 的数量级上。也就是说，如果平均温度是 10 摄氏度，那么不规则性就会偏离平均值 1/1 000 度。1992 年，通过在宇宙背景探测者卫星上开展的实验，科学家终于发现了那些搜寻已久的各向异性。

宇宙微波背景辐射图（图 12-1）中的黑、白、灰点表示在平均、均匀能量值（或者温度）附近的涨落。它们是早期宇宙中的声波和音乐，也是结构形成的第一阶段。一方面，光波是由加速的带电粒子产生的，它们的传播不需要任何介质。另一方面，如果没有时空介质的推动和刺激，声波就不可能存在，因为它们无法在真空中传播。声波是力学的波，是介质的振动，可以把话语、音乐和噪声送到我们耳中，而无论它们到达与否。当存在一个初始扰动（如敲鼓）时，振动就会引起相邻粒子来回振动。接着，这些粒子的振动引起它们的邻居依次振动，一系列密集区域与稀疏区域由此形成，这就是波在介质中的传播过程。当空气中的振动到达我们耳中时，我们的大脑会把它们解码为声音。

虽然不同的涨落看起来并不存在有趣的特征，但通过傅立叶理念，我们可以把宇宙微波背景辐射图像分解为纯粹波。值得注意的是，我们可以从图 12-2 中的曲线中看到声波的特征。X 轴表示宇宙微波背景辐射声波的频率，Y 轴表示声波的强度，那些峰值表示共振频率，其在宇宙结构的形成中起着决定性的作用。乐器可以发出声音，通过与乐器的功能进行类比，我们可以理解宇宙微波背景辐射中的许多物理原理。

图 12-1　137 亿年前宇宙的一张快照

注：这张照片揭示了电子与质子结合（重组）那一刻发出的光。图片提供者：威尔
　　金森微波各向异性探测器科学团队。

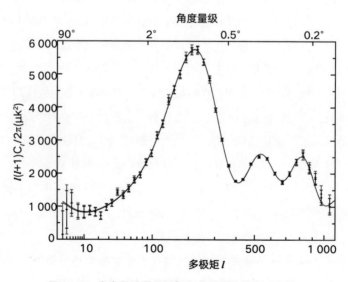

图 12-2　宇宙微波背景辐射各向异性的傅立叶变换

注：此图揭示了声波以及宇宙微波背景辐射振动中的共振频率。图片提供者：威尔
　　金森微波各向异性探测器科学团队。

具体而言，我们可以先来看看乐器是如何产生声音的。例如，当我们对着萨克斯的送气口吹奏时，由空气分子携带的压力波会进入乐器之中。簧片会在很大的频率范围内振动，并产生声源。因此，我们需要一些初始能量来制造空气中的压力差。小号可以产生很多种声波。对吉他来说，它能产生的最低频率（基频）是弦的两个端点之间所能产生的最长的波型。还有一种描述基频的方法，即把它的一个完整的波长周期延长到吉他弦长度的两倍，这样我们就得到了乐器长度 L 与波长 λ 之间的有用关系：

$$\lambda = 2L$$

另一个有用的公式可以把波速 v 与周期 T 联系起来，T 是波运行一个完整的周期所需的时间。应用牛顿思维，我们可以很快得出下面这个公式。我们知道，距离等于速度与时间的简单乘积，因此，我们得到了以下这个强有力的关系：

$$\lambda = vT$$

在知道波的传播速度和它的振动周期的前提下，这个方程轻而易举地确定了基音的波长。用一个整数去乘以基本波长，我们就可以得到高次谐波（或者泛音），后者在乐器的音色的特定性质中扮演着相当重要的角色（图 12-3）。

我们以长笛和竖笛这两种乐器为例，来讨论音色这个非常重要的概念。这两种乐器可以演奏同一个音符，然而特征各有不同，所以你可以区分它们。这种独一无二的特征就称为音色。当一种乐器演奏一个音符的时候，它产生的并不是一个单一的频率。我们在前面讲到，一根弦可以被看成系有一系列重物的弹簧，固有频率由无穷多的弦决定。当弦被拨动的时候，它会在基频之上以大范围的共振频率振动。特定的高次谐波的振幅会受到阻尼，具体取决于弦的材质。弦最终会停下来，因为某些固有频率会由于摩擦而损失能量，从而失去振幅。余下的东西形成了高频谐波不同振幅的特定特征，从而产生了特定的声音（图 12-4）。

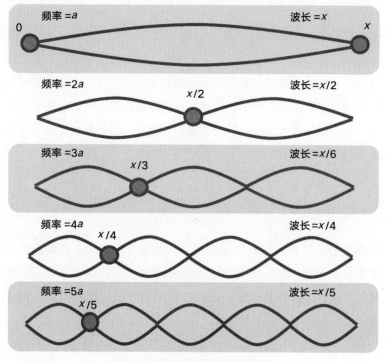

图 12-3　两端固定的弦上的驻波

注：第 n 个谐波表示长度为弦长 $2/n$ 的波长，约定长度 $2L=x$。

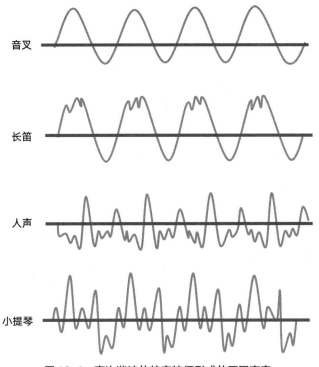

图 12-4　高次谐波的特定特征形成的不同声音

注：根据高次谐波的特征阻尼所产生的特征，不同乐器具有不同的物理性质。

音色是一个特定物体通过空气传递的特征振动能量。想象一个物体通过弹簧把它的特征运动传递给相邻物体。与弹簧不会永远振动下去一样，由于摩擦力或者热损耗导致的阻尼效应，乐器与空气的耦合效率是很差的，而且取决于频率。钢琴上较高的频率比较低的频率更能有效地与空气耦合。由傅立叶理念可知，一种乐器产生的所有频率叠加在一起就是一个音符的声谱。我们的听觉系统把基频选作"音高"[2]，并将高次谐波解释为乐器的音色。有趣的是，虽然音叉可以产生完美的正弦波，但这种声音在乐感上比小提琴声单调得多，因为后者拥有更丰富的高次谐波谱。

引力与辐射，让声波不断响起

物理学中并不存在需要早期宇宙维持声波的基本原理。如果我们将处于等离子体时期的早期宇宙视为一件乐器，那么它的声学就可以阐释其结构的形成原理。皮布尔斯和于哲发现，宇宙微波背景辐射正是引发并维持声学振动 30 万年的介质。如果情况确实是这样，那么我们就可以应用刚才提到的所有概念，来理解声波在宇宙微波背景辐射中传播的结果。在大爆炸之后不久，早先的一个时期（极有可能是宇宙暴胀时期）赋予了等离子体能量，这些能量产生了声波。

引力与辐射这两种力的共同作用维持着这些声波。在引力的作用下，物质聚集起来，并在压力的作用下形成致密物质，如果不加以外力，致密物质就会迅速坍缩，整个宇宙中也就无法形成任何有趣的结构。对我们而言幸运的是，光能像弹簧那样产生恢复力，而原初宇宙中充满了构成光的光子。当光子散射到电子上时，它的动量会发生变化，根据牛顿第二运动定律，我们知道它会产生一个力。在等离子体中，散射到电子上的大量光子产生了极大的压力，足以抵抗进一步的引力坍缩。其结果是，等离子体发生膨胀，压力减小。在这种情况下，引力会返回来压缩等离子体，这种和声的舞蹈成为宇宙中的第一个声音。根据宇宙学的标准模型，在大爆炸之后的 30 万年里，宇宙一直像一件乐器一样以谐序发出这种"嗡嗡"声（图 12-5）。

宇宙微波背景辐射中的粒子之间密切地相互作用着，声波以接近光速的速度传播。根据这些知识，我们可以把简单的基频波长公式应用于宇宙微波背景辐射中的等离子体。

我们已知波以接近光速的速度传播，并且已经传播了 30 万年。我们可以应用之前推导过的声波公式：

$$\lambda = vT = 3 \times 10^8 \text{m/s} * 3\,000\,000\text{Y} \cong 1\ \text{MPC}$$

从这个公式可知，宇宙微波背景辐射中基本声波的距离在100万秒差距的数量级上！令人惊奇的是，在观察玛格丽特·盖勒与约翰·修茨若发现的星系团是如何分布的时，我们发现，它们精确地占据着与其尺寸相匹配的孤立区域。经过几十亿年的时间，皮布尔斯发现的微小声波发展成了我们今天看到的大尺度结构，而这一切都是从声波开始的。如果声音只是某些振动驻波的混合体，那么它是如何发展为星系和恒星的呢？

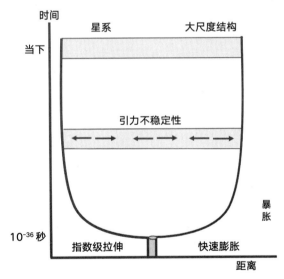

图12-5 时间跨度图

注：从重组之后的引力不稳定时期开始，到大尺度结构的形成，时间跨度长达100亿年。

许多音乐学家都认为，音乐是具有结构的声音。如果声音结构发展成为宇宙结构，那么宇宙也是一首音乐吗？在重组阶段，当电子与质子结合形成氢原子时，引力便取得了胜利，那些音则变成了某种节奏。这些节奏代表了氢原子气体坍缩到中心区域，进而形成了第一批恒星和原星系。在下一章中，我们会详细讨论恒星形成的过程。

宇宙是一首音乐吗

总而言之，我们对早期无结构宇宙中形成结构的最初时刻有了一定认识。第一种模式是各种频率的声波的结合。在一个理想的共振器中，比如一根理想的弦，所有的频率会以相同的振幅（或响度）生成。然而，当我们根据分量频率来分析宇宙微波背景辐射的数据时，发现其中存在一个响度的峰值（即声波峰值）。这很像乐器中的情形，声波峰值通常与人们听到的音符相对应。其他的峰值揭示了声音的音色，而这些峰值由另一些物理参数决定，比如乐器的材质。相似地，宇宙微波背景辐射中的其他声波峰值或许就含有宇宙物理构成的信息。不可思议的是，它们确实含有这些信息！例如，它们告诉我们，早期宇宙中一定存在暗物质。

我曾从利昂·库珀那里学到，当一个类比失效的时候，发现新事物的可能性就出现了。

第一，在宇宙等离子体奏响音乐的时候，宇宙一直在膨胀，从大爆炸开始，直到第一批氢元素形成。为了更好地理解这一点，我们可以想象在气球的表面画一条线。当气球逐渐充满气体并膨胀时，那条线也会膨胀。同样，随着空间的膨胀，光波也会被拉伸。

第二，一些简单的计算表明，声波的传播速度与光速接近。那么，宇宙微波背景辐射听起来到底像什么呢？一些宇宙学家把宇宙微波背景辐射的频率转化成了声音，虽然它听起来不是很悦耳，但也不完全是噪声。有趣的是，存在一种原始的量子声音，它引起了等离子体中的原始振动，虽然这种声音被归类为白噪声，但在观察者听来，它是十分美妙的。

如果宇宙中的结构一开始是声波，那么它们会形成更加复杂的本质上是音乐的结构吗？我们的音乐宇宙里有没有类似音、旋律、和声与节奏的事物？我认为答案是肯定的。

在大爆炸之后的 1.5 亿年里，声波与氢发展成了恒星，而恒星聚集为星系，不过，事情远没有这么简单明了。当压力密度波的振幅随着物质的聚集而增大时，原本很简单的声波方程变得高度非线性。此外，原始声波中（由普通的重子物质组成）的引力势能太过微小，无法坍缩为我们今日所见的星系网络。这就需要某些不可见的物质来增强引力，使其坍缩为恒星与星系。这种物质就是暗物质。暗物质不与光和可见物质直接发生相互作用。通过观测恒星在星系中公转的速度，宇宙学家已经搜集到了暗物质存在的证据。暗物质为成长中的宇宙产生谐波提供了音色。

根据牛顿力学，恒星离大质量星系中心越远，其围绕这个星系公转的速度就会越慢。然而，薇拉·鲁宾（Vera Rubin）发现，恒星的速度实际上并没有降低，而是接近一个常数（图 12-6）。暗物质、重子物质和光子都是量子场，在宇宙的早期阶段，它们的关联粒子从真空中创生。探究从宇宙的原始等离子体中产生元素的正确物理机制，是宇宙学的主要研究方向之一。

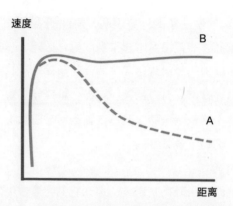

图 12-6　恒星围绕星系运动的典型的公转速度曲线

注：虚线表示牛顿引力理论的预言，实线表示实际观测到的速度，这需要借助某些
　　不可见的暗（不发光的）物质来解释。

有了适量的暗物质后，计算机模拟揭示了大片网状纤维网络的形成机制，这些纤维网络由暗物质和氢原子气体构成。在这些纤维的节点上，氢原子气体结合起来，就像雨后蛛网上的水滴一般。正是在这些被称为原星系的区域中，氢原子气体在引力的作用下聚集起来，形成了第一批恒星（图 12-7）。通过核聚变，恒星内部巨大的引力压力将氢元素转变成了更重的元素。在第一批恒星中，质量最大的比太阳重 100 万倍，它们的寿命约为 1 亿年，最终通过超新星爆发而死去。

在宇宙的发展史上共有三代恒星，各自之间有着很大的差别。第一代恒星被称为第三星族（Population III），由氢元素和氦元素构成。第二代恒星被称为第二星族（Population II），它们含有少量金属元素，而且比第三星族稍小。现今的第一星族（Population I）富含金属元素，且比前两者都要小得多，比如我们的太阳。第一代恒星是在大爆炸之后约 2.5 亿年时形成的，其寿命只有几百万年。在可观测的宇宙中，大约有 100 万亿颗恒星。

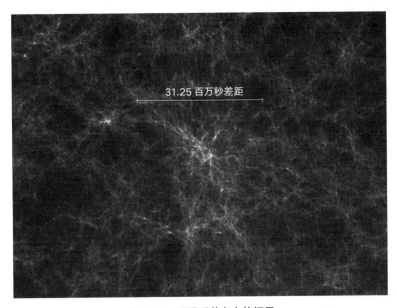

31.25 百万秒差距

图 12-7　原星系节点上的恒星

注：原星系为交错丝状结构，恒星就集中在这些结构的节点上。

2015 年冬天，我在开曼群岛大学做了一场关于宇宙学与音乐的演讲。我通常会用我的萨克斯来说明一些本书中已经讨论过的理念。天体物理学家爱德华·吉南（Edward Guinan）也参加了这次会议，他是海王星环（之后被证实是两颗卫星）的共同发现者之一。在喝了一杯当地酿制的啤酒之后，吉南告诉我，我应该关注一下日震学（Helioseismology），这门学科研究的是恒星表面的声波。

太阳是一个近乎完美的球体，其表面充斥着炙热的等离子体。湍流会在太阳表面产生声波，类似于钟被撞后产生的波模式。当得知宇宙中的所有恒星都在演奏一种音时，我不禁露出了灿烂的笑容。我发现，一些天文学家已经开始运用日震学来研究恒星上的声波，以了解恒星的内部结构。我的音乐宇宙视角不仅仅是一种类比，我感觉它就要成为一种研究方法了。

早期宇宙中的波形产生了恒星，恒星在狂暴的元素聚变中又会产生类似乐音的声音。恒星自组织为更大的结构，如双星系统或者星群，这相当于音乐中的乐句。此外，星系中数以百万计的恒星自组织为自相似的分形结构，就像巴赫和利盖蒂·捷尔吉作品中的分形结构。宇宙结构的组织与音乐结构的相似程度令我非常惊讶。当一个类比远远超出了你的预期时，你就会忍不住怀疑这个类比是否就是事实本身。

在此，我引用革命作曲家约翰·凯奇（John Cage）[3] 的名言作为本章的结尾：

> 音乐中的结构是从乐句到长句的连续部分的可分性。形式即是内容，内容即是连续性。方法是控制音符之间连续性的手段。音乐素材则是声音与静默。把二者整合起来，正是作曲的意义。

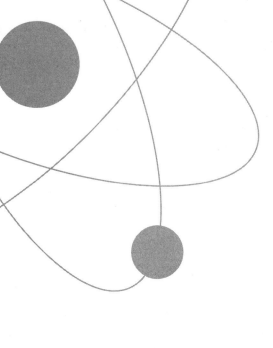

13

马克·特纳的量子头脑之旅

一天晚上，在前锋村（Village Vanguard）酒吧里，纽约最好的爵士萨克斯手在幕间休息时说了一些话，而这些话简直让我不敢相信。他说："当我独奏的时候，每当我非常确定我要演奏的下一个音符时，那么再下一个音符的可能性就会变得更多。"此话出自我心目中的次中音萨克斯演奏大师马克·特纳（Mark Turner）之口。那是 2002 年的春天，在寻找了爵士乐即兴演奏与物理学之间更深层的关系多年之后，特纳的话让我确信了自己的想法并非幻觉。每当我和其他音乐家、科学家谈论科学概念及其与音乐的关系时，他们总是冷言冷语，但特纳的肯定给了我信心。特纳对即兴演奏中的潜在可能性的洞见，直接与早期宇宙中的量子力学不确定性相关。他的话让我对这个问题有了更深刻的理解：所有的物质、场，以及与之相伴的宇宙结构是如何从空无一物的状态中产生的？在毫无特征的早期宇宙中一定出现了某种"魔法"，初始的结构才得以形成。

海森堡不确定性原理

特纳的音乐家之路非常有趣。上小学时，他就开始吹奏竖笛。在大学里，有一阵子他喜欢上了商业美术。之后，他找到了自己的真爱——中音萨克斯，并考取了著名的伯克利音乐学院，最终移居纽约。在成为全职爵士乐手（主要担任伴奏）之前，特纳曾在曼哈顿的淘儿唱片公司（Tower Records）工作数年。自始至终，他都从事着音乐方面的工作。在众多号手看来，特纳最终变成了第二个"约翰·柯川"。

在柯川面前，许多爵士乐手都感到自惭形秽。柯川既有与生俱来的音乐才能，又付出了非同常人的努力——和查理·帕克一样，柯川经常一天练习 14 个小时！然而，将柯川推上神坛的是他风格的多样性，在音乐领域中，几乎处处都有他留下的足迹。《巨人的步伐》是柯川标志性的硬博普乐杰作，展现了他在和声方面的天分。之后，他又探索了印度音乐的微分音系统和非洲音乐中的大量复节奏类型。不过，他所做的并不止这些。在生命中的最后阶段，他描绘了自由爵士乐的宇宙之声，专辑《至高无上的爱》（*A Love Supreme*）就是一个例证。他还发展出了和谐而丰富的纸片声——迅如烈火的琶音[①]，这种声音创造出了和弦的感觉。与柯川同时代的中音萨克斯手若想在历史上留下足迹，必然都会活在他的阴影之中。

特纳是继柯川之后少数能够创造自己风格的中音萨克斯演奏者之一。他通过转录[②]来练习，这使得他能够分析、解剖与融合一些大师的作品，主要是柯川、乔·亨德森（Joe Henderson）和德克斯特·戈登的作品。这并不是

---

① 琶音是一种和弦，其各个音符以升序或者降序排列。

② 在爵士乐曲目的语境中，转录是指为爵士乐唱片中的独奏编写注释的行为。爵士乐的学习者会分析独奏的声音与和弦变换的关系，并记住独奏的部分内容，以丰富自己的音乐词汇。

作弊，因为对音乐人来说，学习大师的作品不仅不可耻，反而是十分必要的，包括我在内的大多数音乐家都是这么做的。然而，通过研究沃恩·马什（Warne Marsh），特纳才真正形成了自己独一无二的风格。马什是一位次中音萨克斯演奏家，在爵士乐迷中非常有名，却不为公众所熟知。特纳将马什的"狂热"风格和柯川的纸片声结合起来[1]，最终取得了突破。

马什是作曲家、钢琴家伦尼·特里斯塔诺（Lennie Tristano）的学生。特里斯塔诺于1919年出生在芝加哥，在6岁时就全盲了。尽管如此，他还是考上了芝加哥著名的音乐学院，上课时由他姑妈为他做笔记。在移居纽约之后，特里斯塔诺创造了一套高度和声、即兴演奏的方法来演奏比博普爵士乐。在一次访谈中，他如此总结这种方法："我并没有创作任何作品……这就是爵士乐与其他音乐形式的区别。音乐已经在你的头脑之中了，你所要做的就是在你听到它们的时候用双手把它们记录下来。所以，你所做的事情完全是自发的。"

我们不要被特里斯塔诺的话误导了。这件事情并没有听起来那么简单，尤其是当我们在即兴演奏的语境中思索"自发"一词的含义时。我第一次接触爵士乐时，曾天真地以为自发演奏就是随意地演奏，即"想到什么就演奏什么，随便按动萨克斯上的按键，然后吹气"。从表面上来看，那些家伙的确是这样演奏的，但做到自发演奏并非一朝一夕之功，而需要多年的练习和记忆，并排除掉"错误"的音符。"音乐已经在你的头脑之中了。"特里斯塔诺的这句话就体现了即兴演奏的魔力。那么，一个成功的即兴演奏者是如何把音乐记在头脑中的呢？特里斯塔诺的方法是深刻理解乐理与和声，并把对乐理的理解具体化。他会让学生记住并演唱爵士乐大师的完整独奏曲目。这种方法能训练乐手的内耳，并让他们获得自发地创作出更有意义的音乐作品的能力。

特纳的话一直萦绕在我的脑海里，我不禁想知道即兴演奏中是否隐藏着某种科学。这也许是我试图解释即兴演奏的一种尝试。然而，在2002年时，我发现与其把音乐科学化，不如把宇宙音乐化。激发我在十几岁时吹奏小号的音乐与即兴演奏，一直帮助我理解量子力学和宇宙结构扩张的内部机制。然而，我需要一种催化剂的帮助，而特纳正是这种催化剂。

让我再次引用特纳的话："当我独奏的时候，每当我非常确定我要演奏的下一个音符时，那么再下一个音符的可能性就会变得更多。"反过来说，他越不确定下一个音符是什么，那么再下一个音符的可能性就会变少。在听到这句话的那一刻，我突然意识到，如果我能早一点听闻这些，那么我将会从中受益良多。我难抑笑意，并且感谢了他。直到今天他都不知道我们之间的讨论对我来说有多重要，也不知道正是他的话让我对量子力学中最神圣的原则有了清晰的理解。这个原则就是海森堡不确定性原理，只有通过它，我们才能真正理解宇宙用量子力学的魔法创造行星、星系和人类的方法。我想，是时候把这些告诉特纳了。

世界充满了不确定性，但经典宏观物理学中的理想世界并不是这样的。根据支配宏观世界的物理定律和方程，比如电磁学和牛顿力学，原则上我们可以"解出"物体未来的行为，无论参与相互作用的粒子有多少、相互作用有多么复杂。皮埃尔－西蒙·拉普拉斯（Pierre-Simon Laplace）是一位伟大的法国数学家，他阐明了其中的哲学原理：根据分析，当一个物理系统中物体的初始位置和速度确定时，其未来的轨迹就是完全确定的。我之所以说"原则上"，是因为当我们超越经典世界，进入量子世界时，不确定性就会成为一项基本原则。

当人们试图解释一些异常发现时，量子力学诞生了。这些异常发现一开始被认为是实验中的微小反常现象。其中之一是欧内斯特·卢瑟福（Ernest Rutherford）的金箔系列实验，这些实验确定了原子内部几乎是空的，但有一个带正电的大质量原子核，而原子核为一片带负电的云所围绕。一开始，科学家认为那片云中充满了旋转的电子，这就产生了一个问题：在宏观世界中，旋转的物体需要向心加速度。然而，当诸如电子等带电粒子加速时，它们会产生电磁波形式的辐射，从而损失能量。这种能量的损失会导致电子迅速地旋向原子核，所以稳定的原子无法形成。如果没有稳定的原子，那么世界上就不会有稳定的分子，也就不会出现生命，这可不是什么好消息。此外，现实世界中的原子和分子显然都是稳定的，这对传统物理学来说也不是什么好消息。

光子本质上还是一种波

让经典物理学的处境更加不妙的是，其他的实验结果都表明，当连续的光线照射进氢原子气体时，从中只显现出一系列离散的浅色光。这就像按下管风琴的所有按键，本以为能听到一连串的声音，结果却只冒出两个音符。电磁学理论无法解释这个现象。我们必须找到一种"像音符一样的"东西，并用它来替代原子中连成一片的旋转电子云。

解开这两个谜需要更多的信息。马克斯·普朗克（Max Planck）和爱因斯坦证明了，曾经被认为是纯粹波动现象的光也可以像粒子一样运动。他们提出，光不仅能以一种被称为光子的能量包的形式传播，还可以通过撞击金属产生束缚态电子，就像台球一样。然而，有一个疑难问题等待解决。在那时候，物理学家认为光束就像从水管中流出的水流，如果水的体积增大了，那么水就具有更大的动量。他们期望光波也有相同的行为。不过，在光电效应上，情况有所不同，不管光的强度有多大，逸出电子的数目都是一样的。然而，通过增加光的频率（本质上是让它变得更蓝），光可以撞击出更多的电子。我们可以从这个实验得出两个结论：

- 在不同的情况下，光要么具有粒子性，要么具有波动性；
- 光束传递给电子的动能与光的频率有关，而与光的强度无关。

这两个结论看起来非常奇怪。当时的很多物理学家都认为，光子本质上还是一种波，它的类似粒子的行为仅仅出现在那些波被束缚起来的时刻，就像布莱恩·伊诺应用傅立叶理念把波叠加起来得到尖锐的声音那样。然而，这种解释太过简单了，连爱因斯坦都说："现在，每个人都认为自己了解光子，但他们都错了。"[2]

我一直很崇拜爱因斯坦抓住事物本质的能力。从这两个观测结果中，爱因斯坦发现了一种关于光的能量的优美的基本关系，它支配着光电效应。

$$E=hf$$

这个方程把光子的能量 E、频率 f，以及以物理学家普朗克命名的普朗克常数 h 联系在一起，并反映出光子是离散的束，而不是如我们想象中的那样是连续的。普朗克研究了从处于热平衡状态的物体周围发出的辐射，即所谓的"黑体"（black body），并确定了必须根据方程 $E=hf$ 对光进行量子化，以便解释那些观测结果。爱因斯坦用这个方程来反映光在光电效应中所能携带的离散能量，最终成功地解释了这些观测结果。

年轻的博士生、小提琴家路易·德布罗意（Louis de Broglie）脑中灵光乍现，用光电效应的研究成果解决了旋转电子的问题。德布罗意断言，既然爱因斯坦证实了波可以具有粒子行为，那么粒子为什么不能具有波动行为呢？德布罗意的解决办法的关键是把类似粒子的性质、动量与波结合起来，并把电子想象成一根弦上的驻波，而不是围绕原子核转动的小行星。

我们已经知道，弦可以经历振动或者周期性的波。两端固定的弦被拨动后，会以一定的频率发生共振。当弦上的波在两个方向上同时运动时，根据傅立叶理念，波会相互增强或者削弱，共振由此产生，还形成了节点固定、波峰周期性地上下移动的驻波。德布罗意猜想，电子的动量可能和驻波轨道的波长有关，就像光子的能量与其频率之间的关系。他用数学公式来描述这种关系：

$$\lambda = \frac{h}{p}$$

在上面的方程中，p 是电子围绕原子核中心运动时的动量，λ 是波长。令人惊奇的是，这个方程是一种物理实在，因为它表明，电子的"轨道"波长（一种波动性质）与它绕原子核转动的速度相关，后者也即它的动量。波长越大，粒子运动得越慢，且粒子越轻，因为动量等于粒子的质量乘以其速度。

德布罗意的方程适用于所有形式的量子物质，而并不只是电子。普朗克常数设定了粒子波动性的尺度，它是一个很小的值，这意味着我们在宏观物质中看不到波动性，因为与围绕原子高速运动的量子粒子相比，我们移动的速度太慢了。如果我们非常小，那么我们就可以看到自己身体内部的波动性。德布罗意提出的粒子的波长与其动量之间的关系，正是著名的不确定性原理的核心。海森堡精确地描述了这种关系。

为了更好地理解不确定性原理，我们可以想象一种频率完全确定的波，比如一个纯音。现在，我问你："波在哪里？"具有多种周期性振动的波分布在非常大的距离上，这意味着一种频率确定的波会出现在任意位置。现在，让我们想象一个行波脉冲，它只持续很短的时间，比如一个节拍。我可以确定这个脉冲的位置，但它的频率不能被很好的定义，因为一个频率需要许多重复的循环，而一个脉冲的宽度太小，不足以确定一个频率。这就是海森堡不确定性原理：你知道的关于位置的信息越多，就意味着你知道的关于频率的信息越少，反之亦然。由于频率是与动量成正比的，所以我们知道的关于粒子动量的信息越多，对它位置所知的信息就越少，反之亦然。用数学公式来表达，就是：

$$\Delta X \simeq \frac{1}{\Delta P}$$

其中，ΔX 表示位置的不确定性，ΔP 表示动量的不确定性。

这是一个意义极为深远的公式。当科学家想了解自然的时候，他们会利用仪器来进行探测和测量。而不确定性原理表明，无论我们在测量的时候多么小心，无论我们的仪器多么精确，我们永远无法同时确定一个量子实体的粒子性质与波动性质，不管它是光子、电子、夸克还是中微子。在自然界，甚至宇宙中，不确定性原理是一个基本原理，无论我们是否进行测量，它都客观地存在着。

那么，改变了我对不确定性原理看法的是特纳关于即兴演奏的洞见中的什么呢？他说："当我独奏的时候，每当我非常确定我要演奏的下一个音符时，那么再下一个音符的可能性就会变得更多。"让我们相应地重述一下不确定性原理：一个粒子的动量越确定，它的位置就越不确定。这就是量子力学的核心，不确定性只是量子粒子对特定物理属性限制较少的一种反映。

不确定性原理真正反映的事实是：一个量子实体既不是波，也不是粒子，但它同时包含了波和粒子的性质。这个原理的本质是傅立叶理念。我们可以通过叠加一系列频率确定的纯粹波来制造一个波脉冲。相似地，波动性质中也可以产生粒子性质（脉冲），反之亦然。

在量子力学中，毕达哥拉斯的"天体和谐论"最终得以实现，但只是在微观层面，而非宏观层面。在德布罗意的假说中，电子的每一条"轨道"都是一个与纯音对应的波。物质与波是一回事。对于物质同时具有粒子性和波动性这一理念，尼尔斯·玻尔（Neils Bohr）称之为"互补性"。为了真正理解这种波－粒互补性的起源，埃尔温·薛定谔提出了也许是物理学乃至所有科学中最重要的方程——薛定谔方程。

刚才我们所描述的不确定性原理的量子力学版本，在很大程度上已经能帮助我们理解宇宙结构的形成，但我们还需要让它与爱因斯坦的相对论相容，因为相对论给出了宇宙膨胀的发生机制。当我们将两者结合起来时，量子力学就拥有了两个特征——真空和反粒子，它们对于理解宇宙结构至关重要。

在量子力学和爱因斯坦的相对论形成的 20 世纪初，保罗·狄拉克开始研究围绕原子以接近光速运动的电子的量子理论。狄拉克转向了相对论，因为最初的量子力学只适用于非相对论和牛顿力学，在相对论领域则失效了。亚原子粒子通常都无法达到接近光速的速度，但早期宇宙是极端高能的，粒子就像打了激素一样运动，还是量子激素。

当电子以接近光速的速度运动时，参考系就出现了。在参考系中，电子看起来具有负能量。负能量粒子非常难处理，物理学家通常认为它们是非物理的。狄拉克却并不认同这种传统的观点。他灵机一动，把带有负能量的电子定义为一种新的粒子，它具有正能量和正电荷。他首次提出了反粒子的概念。一年之后，经实验证实，狄拉克所预言的正电子（电子的反粒子）的确存在，他因此获得了诺贝尔奖。相对论与量子力学的结合让每个粒子都具有一个反粒子。在此基础上，一个关于真空的具体理论诞生了。

如果电子与正电子相互碰撞，那么它们的总电荷就是零。它们会彼此湮灭，来自它们质量的能量会产生光子（图 13-1）。

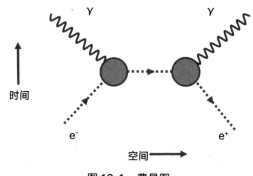

图 13-1　费曼图

注：电子（e⁻）与其反粒子正电子（e⁺）彼此湮灭，并产生光子（γ）。虚线表示电子与正电子的运动，虚线表示光子的运动。

反过来，如果两个光子发生碰撞，且它们的能量是一个电子的两倍，就会在真空中产生一个正电子和一个电子。

其实，这样的事情时时刻刻都在自发地发生，因为根据海森堡不确定性原理，真空本身在最小的尺度上并不是空无一物的，也许这与我们对真空的直观印象不同。与位置和动量通过不确定性原理紧密相连一样，能量与时间也可以通过一个等价的公式联系起来：

$$\Delta E \simeq \frac{1}{\Delta t}$$

　　能量－时间不确定性告诉我们，量子过程发生的时间间隔越小，量子系统所能获得的能量范围就越大，反之亦然。当像人类这样的宏观物体观测空无一物的空间时，时间尺度实在是太大了，我们无法体验能量的不确定性，所以除了空无一物的时空之外，我们什么也感觉不到。如果我们的眼睛具有观测更小时间尺度的能力，就像有着高速快门的量子相机，那么我们就可以看到粒子和反粒子，以及它们之间的碰撞。量子场论的这一特征与我们对宇宙中第一个声音的起源的理解是等同的，而原始等离子体的音就是宇宙中的第一个声音。在早期宇宙中，我们要处理的事物处在非常小的时间尺度上。不确定性原理指出，宇宙中的能量相应地具有高度不确定性，持续不断地发生涨落。在宇宙的开端，这种扰动时空的涨落表现为粒子不断产生并相互碰撞的混乱景象，这正是 20 世纪的物理学家发现的宇宙微波背景辐射中各向异性的情况。宇宙在婴儿期是不均匀的，因为根据不确定性原理，宇宙在极短时间与极高能量的尺度上不可能是均匀的。哥白尼宇宙的均匀性和对称性被相对论尺度上的量子物理学打破了。

14

费曼的爵士风

———————————原始信息———————————

发件人：<唐纳德·哈里森>

收件人：<斯蒂芬·亚历山大>

时间：2012 年 6 月 1 日，星期五上午 8:42

主题：回复：爵士萨克斯

　　亲爱的亚历山大博士，我叫唐纳德·哈里森（Donald Harrison），我也吹奏萨克斯。我录制了一首名为《量子跳跃》（*Quantum Leap*）的曲子，就是它促使我给您发这封邮件。我附上了这首歌，以及评论家、音乐家和我对爵士乐这个概念的看法。请允许我先声明，虽然我还不是很了解您对这个概念的理解，但是我很想听听您对这种音乐的看法。我更多地是从直觉层面来理解这个概念，毕竟我的专业知识有限。尽管存在这种局限，我还是希望您能抽出时间听听我的这首曲子。热切地盼望着能得到您的评论。祝您一切安好。

　　非常感谢！

唐纳德·哈里森

这似乎是我在哈维福德学院执教的又一个平常的日子，然而当天又十分特殊，因为我收到了中音萨克斯传奇乐手哈里森的电子邮件。

我和哈里森进行了多次长谈。相比于我和马克·特纳做出的量子力学与爵士乐即兴演奏之间的类比，哈里森的见解帮助我把这个类比往前推进了一步。若想知道宇宙结构是如何形成的，就必须理解真空的结构，以及粒子和场在时空中的量子运动。有趣的是，根据费曼的发现，量子运动与爵士乐独奏非常类似。

想象你正站在舞台上，手中拿着你已经选好的乐器，比如小号。鼓声阵阵，立式贝斯的蓝调旋律在场中回响。这正是迈尔斯·戴维斯的《一片蔚蓝》（*All Blues*）。萨克斯手刚刚结束了他的独奏，现在到你了。你没有时间思考，开始演奏吧！你刚刚核实了应该吹奏哪个音符以接上刚才的和声，这个音符是正在演奏的歌曲的特征。你的耳边会回响着节拍和节奏，后者是每一小节重复的节拍。如果是蓝调，那么它的特征就会很明显且可分辨，所以你在任何时候演奏蓝调音乐的任意一个音符，至少你都会听到与乐队中其他人相和的声音。

爵士乐是一种语言

一位经验丰富的即兴演奏者如果能记住音阶中的所有音符，那么他就能理解音符之间相对和声的重要性。例如，蓝调音阶（图 14-1）由西方音阶的 12 个音符中的 6 个组成，对 A 蓝调音阶来说，这些音符是 A、C、D、E、降 E 和 G。一个缺乏经验的即兴演奏者会随意地演奏其中一个音符，听起来似乎也还可以，但一位经验丰富的即兴演奏者会用这些音符开发出一个"词汇表"。温顿·马萨利斯（Wynton Marsalis）说得好：

在爵士乐中，即兴演奏并不是把一些东西随意地杂糅在一起。和其他语言一样，爵士乐也有自己的词汇和语法。没有对错之分，只有选择的好坏。[1]

图14-1　C蓝调音阶的音符

爵士乐中的词汇与我们口语中的短语类似。我们用字母组成单词，然后把单词组合在一起构成短语或者句子。音符就像字母，音阶与和弦就像单词，爵士乐中的"乐句"或者节奏型则像口语中的短语。在独奏时，虽然简单地在一个音阶或者和弦上下演奏听起来可能并不太糟，但是有经验的爵士音乐家会从经典曲目和记忆中信手拈来很多乐句，并在独奏中得心应手地运用它们。与此类似，我们可以通过模仿语言大师的作品来提高自己的写作能力，譬如莎士比亚或者托妮·莫里森（Toni Morrison）的作品。毕竟，我们为什么要重新发明一遍轮子呢？埃里克·亚历山大（Eric Alexander）是一位次中音萨克斯乐手，我曾听他演奏过一段很长的连复段，那是他从乔治·科尔曼（George Coleman）那里学来的，他还让我勤加练习。即兴演奏虽然需要创新，但也体现了一个人从以前的大师那里学到了多少乐句——我称之为措辞。不过，我描述的只是即兴演奏的方法之一，从根本上说，即兴演奏有着更为丰富的内涵。

即兴演奏连续爵士乐段的方法有很多。在小心应用的前提下，简单的重复也能达到不错的效果。哈尔·克鲁克有关即兴演奏的著作《准备，瞄准，即兴演奏！》（*Ready, Aim, Improvise!*）是一块瑰宝，书中着重强调，爵士乐即兴演奏并不是一个随机的过程。它是记忆和创造力的一种功能，对于像我这样的普通人来说，则是更多投入练习的结果。

　　桑尼·罗林斯（图 14-2）是史上最伟大的即兴演奏者之一。他有一项技艺被批评家冈瑟·舒勒（Gunther Schuller）称为主题即兴演奏[2]。舒勒曾在一篇著名的文章中讨论了这一点，他分析了一首名为《蓝色 7 号》（*Blue 7*）的著名蓝调独曲奏目。罗林斯以一个三音符的主题开始了他的独奏，并以这个主题为框架发展出更复杂的独奏。随着独奏的进行，罗林斯把简单的主题转变成了复杂的节奏与和声变化。这个主题就像一个主导着罗林斯独奏演变的结构。还有一种重要的主题即兴演奏方法，即在独奏的过程中为曲子的旋律润色。演奏者迷失在一场独奏中是很常见的事情，简单地回到旋律上，或是在旋律的附近演奏，都会将其拉回到正轨上来。

图 14-2　桑尼·罗林斯在演奏

注：图片提供者为约翰·阿博特（John Abbott）。

2015 年冬天，我有幸与罗林斯进行了一场深入的对话。当我询问他有关主题即兴演奏的看法时，他说："我非常欣赏舒勒的文章。我在练习时非常努力，但我在演出时并不演奏我练习的那些内容。你不可能一边思考一边演奏。当我演奏的时候，我并不想演奏那些音乐，而是希望音乐来'演奏'我。"

音符像是在跳一场量子之舞

现在，想象你正在独奏。在量子力学中，观测行为实际上会扰动系统，因为当电子没有被观测的时候，它会同时经历很多路径。根据我与罗林斯、哈里森的讨论，以及我个人的经验，在纯粹即兴演奏的状态下，有时演奏者并没有"观测"那些正在被演奏的音符，就像被量子力学支配的电子一样，那些音符像是在跳一场量子之舞。如果你没有演奏任何音符，那么这种状态就会持续下去，就像即便你无所事事地静坐着时，时间的长河依旧不可阻挡地向前流逝一样。每一次即兴演奏都是一次新的体验，不是对已经发生的事情的重复，而是对过去从未做过的事情的重复。我们或许对已发生的事情很熟悉，但只要超越了它，就将迎来一次新的旅程。和大多数人一样，在接触新事物时，你会谨慎行事。所以，你会把自己限制在蓝调音阶的 7 个音符上。一开始，你会慢慢地演奏它们，但很快你就会意识到，你的演奏听起来还不错。你的信心会随之增长。和所有爵士乐发烧友一样，乐队的成员会支持你，而不是评判你，他们给你足够的空间，让你和那些音符独处。你会从中得到乐趣。

在接下来的演出中，你会演奏自己完整记下的蓝调音阶，甚至是你从自己最喜欢的查理·帕克的独奏曲目中记下来的一些节奏型。在帕克的独奏曲目中，你找到了一些你喜欢的乐句，并把它们熟记在心。你发现，在独奏的整个过程中，所有 7 个音符都在你的掌控之中。更有甚者，这种熟悉意味着你非常明了如下事实：你要演奏的下一个音符取决于你演奏的前一个音符。至于最终演奏这 7 个音符中的哪一个，这取决于你的记忆以及已经背下来的曲目，而这个过程是实时发生的。特纳的见解变成了现实。

费曼的"即兴创作"

这种即兴表达是理查德·费曼以费曼图来表达的量子力学公式的核心。经典牛顿物理学中的粒子从某个初始时刻开始运动，穿过空间，并在随后的某个给定时刻静止下来，它经历了一个确定的、连续的一维轨迹。费曼发现，当一个量子粒子在两点之间运动时，两点之间的所有路径都在考虑范围之内，任意一条路径都存在量子力学上的概率，即便概率并不都一样。这就像一位音乐家在即兴独奏中吹奏下一个音符之前，会考虑某个音阶中的所有音符。把这些音符替换成量子粒子，把即兴演奏替换成概率，类比就建立起来了（图 14-3）。

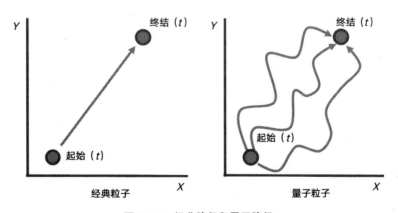

图 14-3　经典路径和量子路径

注：左图是粒子通过一条确定曲线的经典路径。右图是量子路径，它包含了两点之间所有的可能路径。[3]

当爵士乐即兴演奏和费曼路径积分之间的类比出现在我脑海里时，我觉得我的精神可能有些不正常。因此，当哈里森给我发了一封电子邮件，告诉了我一个类似的想法时，我非常高兴能找到一个和我臭味相投的"疯子"。从爵士乐的角度来看，哈里森的邮件传达了一个关键理念：只知道开始和结束的音符，以及时间，对中间的事情一无所知。于是，音乐家即兴演奏出一条音乐之路，将这两个音符连接起来。结束音符或者"目标"音符是即兴演奏者经历路径的关键。在《在院中玩耍》（*Playing in the Yard*）一曲中，罗林斯的独奏以 D 音开头，以目标音符 G 结尾，这两个音符通过纯五度和谐地连接在一起。音阶中的其他音符随着时间的流逝画出了一条曲线，把起始音符和结束音符连接起来（图 14-4）。

在真正演奏一段音乐之前，有经验的即兴演奏者会下意识地考虑所有可能的音符或者路径。虽然演奏出来的只是音符的其中一条路径，但它是所有概率的集合。

图 14-4　罗林斯在一场独奏中经历的音乐路径

宇宙是如何"考虑"所有这些路径的？每条路径都有一个相对于其他路径的特定概率。将所有路径的概率叠加起来，我们就能得到最有可能被经历的实际路径，也就是我们实际观测到的路径。对经验丰富的即兴演奏者来说，他同样会"整合"每个音符的相对可能性。

在量子实在中，通过叠加所有概率得到的路径是很模糊的，这正是量子系统中内蕴的、海森堡指出的不确定性的体现。这种看上去像魔法一样的行为是如何成为可能的？其中的关键在于每条可能的路径都与一个量子波相关联，而这些波具有粒子所不具备的独特性质，即每个波都可以与其他量子波发生干涉而彼此增强或者削弱——古老的傅立叶理念又来了！大多数离真实路径很远的路径会在相互干涉中被削弱，最终不会被观测到。相似地，其他路径会彼此增强，从而增加了我们观测到的经典路径出现的概率。这拓展了刚才的类比，并引出了一个有趣的问题。由于音符也是一种波，所以在柯川、罗林斯、特纳和哈里森等"量子"爵士乐即兴演奏者的大脑中，这种波是否也发生了干涉，并且决定了在所有的可能音符中选择哪一个来演奏呢？这个问题只有精密的脑部扫描才能解答，而这正是我的同事迈克尔·凯西（Michael Casey）的研究方向，即音乐家与非音乐家在应用音乐思维时的脑部扫描结果。

费曼路径积分是将量子力学概念化的一个重要组成部分，通过它，物理学家能更容易地从视觉和数学上理解粒子的运动路径，正如一些爵士乐手发展出了把将要演奏的乐段概念化的方法。费曼路径积分是一次关键性的思维跳跃，在它的帮助下，物理学家能够理解量子物质内蕴的波动性与粒子性是如何协同运作的，进而解释量子运动。费曼和他的合作者发现，在高能量的情形下，我们必须用场来替代粒子以及与之关联的波。路径积分也是量子场的框架，所以我们可以基于路径积分来描述量子粒子的运动，以及量子粒子在真空中的产生和消失。只有理解了量子场的功能在真空中的即兴性质，我们才能找到构成宇宙中的物质的基本单元，这些物质产生了等离子体，后者是由宇宙微波背景辐射中的光子、电子和质子组成的宇宙海洋。接下来，我们将讨论宇宙结构的另一个音乐性质。

15

宇宙的共振

随着对宇宙的声音本质和宇宙结构的起源的深入研究，我们会发现宇宙中的许多成分都来源于量子场的共振，就像音符来自振动弦的共振一样。量子场论是目前关于宇宙的基本统一范式。我们最为熟悉的关于场的例子是磁场。与一般接触力不同，两块磁铁无须接触就可以对彼此施加作用力，因为它们共同产生了一个无形的磁场。虽然场线是肉眼看不见的，但我们可以把磁铁放在一张纸上，并在其周围撒上小铁屑，使场线可视化。这些铁屑会从磁铁的一极到另一极连成一条曲线，标示出场线。这些线的弯曲程度越高，磁场的强度就越大。宇宙学中有一个未解之谜，即磁场甚至存在于星系之间[1]，而我们现在还不知道它产生的原因和原理。

如果仔细观察，你就会发现，磁场线在磁铁的北极和南极更为密集，这意味着它们在极点上消失了（图 15-1）。因此，磁场的特征可以用一个数学函数来描述，在空间中的每一点上，这个函数都有一个方向（描述弯曲程度）和数值（描述强度）。这种函数被称为向量场（vector field），对一个磁场而言，我们用箭头来表示向量场的方向。与用一个点来描述的粒子不同，场是可以光滑地分布在空间中的整体。

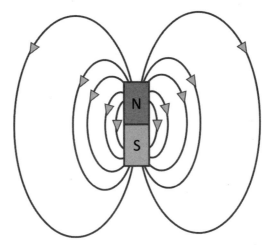

图 15-1 磁铁的磁场线

注：这些线条表示条形磁铁附近磁向量场的方向。与引力场相似，磁场的强度与距离的平方成反比[①]。

声音宇宙的奥秘

在量子力学出现之前，物理学家已经知道了连续场（continuous field）的存在，比如电场与磁场。实际上，詹姆斯·克拉克·麦克斯韦（James Clerk Maxwell）已经把电场与磁场整合成了一个整体，这个整体被称为矢势（vector potential），是另一个向量场。原子中的电子要想在能级之间完成量子跃迁，就必须与光子相互作用，并发射光子。量子化任意场的物理学（包括电磁场的矢势和光子）与弦的简单正弦振动的原理相似。我们用傅立叶理念来表示复杂的弦振动，同样的方法也可以应用在矢势场上，并且把它表达为以不同的整数频率区分的无限个波的叠加。例如，给定频率的光子是具有量子化频

---

① 原书如此，此处存疑，磁偶极子的场强应该和距离的三次方成反比，而且远场情形才是如此。——译者注

率的纯粹正弦波矢势。因此，光子场（量子化的矢势场）将是具有整数值的光子的无限叠加。与伊辛模型中的量子自旋能相互作用以控制磁性的大小一样，不同的量子场也可以相互作用，从而形成我们所见到的缤纷世界。

通过用粒子加速器探索物质的结构，我们已经知道所有的物质和 4 种基本作用力的携带者都来源于场。对宇宙中的可见物质而言，场有两种基本类型，即费米子与玻色子。玻色子是携带着作用力的场，而费米子构成了实体物质。在原子的情形中，对应的费米子是电子，而玻色子是光子。在它们的相互作用下，电子在跃迁到低能级时发射出光子，在跃迁到高能级时吸收光子。除了电子和光子，还存在少量其他的费米子与玻色子。量子（或者说场的简谐振动）就是粒子。3 种玻色子场分别对应着引力场、电－弱力场和强力场。更令人兴奋的是，一个弥漫在真空中的一般电子场的振动产生了所有的电子，包括那些在你身体里的、在恒星里的、在宇宙中分布着的。如果这幅图景是真实的，那么宇宙中为什么没有充满了电子、光子与其他粒子呢？神奇的是，宇宙中可以充满了场，却没有充满粒子，所以必然有某种事物触发了场中的势能，使其转变成了粒子，就像推动一下雪球就可以让它滚下山，在这个过程中，它的动能会不断增加。

我们可以认为宇宙微波背景辐射中充满了粒子。然而，宇宙中最低的能态是真空状态，这也是宇宙可能具有的最为对称的情况。如果我们回到宇宙微波背景辐射存在之前，那时宇宙处于真空状态，而粒子以某种方式自真空中产生。在宇宙的早期阶段，能量－时间不确定性导致真空中产生粒子。然而，真空涨落既可以产生粒子，也可以产生反粒子，两者会迅速地彼此湮灭。因此，真空涨落无法让粒子长时间存在。

我们现在观测到的粒子既存在于星系中，也存在于我们的骨骼之中。要想形成这些粒子，真空涨落需要产生更多的物质，而不是反物质。达成这一目的需要一个重子产生过程（Baryogenesis），这是一个假定的过程，它在宇宙中创造了不对称性，所以最终得到的物质比反物质多。

我们已经知道，宇宙暴胀早于宇宙微波背景辐射存在时的辐射主导时期。暴胀发生在刹那之间，这段时间内不存在任何标准模型中的粒子。如果暴胀理论是正确的，那么在产生构成了今天的宇宙结构的可观测粒子方面，它一定扮演着极为重要的角色。在我撰写本书时，对于重子产生过程到底是什么，以及它具体是何时发生的，科学家还没有达成共识。目前的一些猜想大致可以分为三类：

- 重子产生过程发生在暴胀过程中；
- 重子产生过程发生在暴胀刚刚结束之后；
- 重子产生过程发生在电－弱力占支配地位的时期。

结果是，不管重子产生过程发生在什么时候，它都具有一些普遍的特征，如果具备这些特征，我们已经在宇宙中观测到的物质就会产生。这些条件是以苏联物理学家安德烈·萨哈罗夫（Andrei Sakharov）的名字命名的。萨哈罗夫是第一个提出早期宇宙中的物质产生自真空的必要条件的人。他提出的重子产生过程理论的核心在于否定了三种对称性的存在。在讨论萨哈罗夫提出的条件之前，我们先来进行一个重要的音乐类比，这将有助于我们理解重子产生过程的物理学原理。这个类比就是共振。

我们已经知道，一个周期性的外力施加在一个具有确定固有频率的物体上时会发生共振。当外力以物体的固有频率振动时，振动物体的振幅将会迅速增大。弦和乐器等更为复杂的物体具有更大范围的固有频率。因此，我们或许可以借助外力来生成一个大范围的共振频率。量子场就像一种广义的物体，比如一根弦，它能以多种共振频率振动，因为所有的量子场都可以相互作用，一个量子场可以表现为外力，另一个量子场可以在相互作用下发生共振。在受到驱动的情况下，真空中的量子场能以等于它静止质-能的频率振动。应用爱因斯坦的关系式：

$$E=hf=mc^2$$

我们可以得到一个量子场作用于另一个质量为 m 的量子场的驱动频率 f，如果驱动频率 $f=mc^2/h$，它就可以使量子振动产生共振。因此，粒子就是量子场的共振，我们可以将其理解为类似于音符从被拨动的吉他弦中产生的过程。拨弦的动作就是施加于相互作用的量子场的外力，产生的粒子可以类比为音符。不过，若想把这个类比应用于真实的宇宙，我们还需要稍微调整一下真空乐器，如此某些振动就不会出现，比如反粒子，而这种调整是与真空中的某种对称性破缺相关的。

现在，我们从萨哈罗夫的理论中来看看是真空中的哪种对称性需要破缺。当我们仔细审视基本相互作用的标准模型中的对称性时（即费米子与玻色子之间的所有相互作用），我们得到了一些惊人的发现：在时间反演、空间反演（类似于照镜子）和电荷反演的共同作用下，所有的相互作用都保持对称。我们再来看看费曼图（图15-2）中的电子与正电子。我们先反演电荷，然后反演时间，最后把图像左右翻转（镜像反射）。令人惊奇的是，除非电子与正电子随着时间的逆流产生了光子，否则最后我们得到的图像能用以描述相同的物理现象。粒子加速器以极高的精度验证了这一点。萨哈罗夫找到的正是早期宇宙中必然存在的对称性破缺的组合。更令人兴奋的是，这些对称性破缺的实现需要新的物理学。

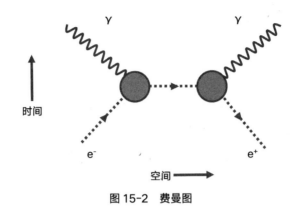

图 15-2　费曼图

第一种需要破缺的对称性是重子流。重子流和导线中的电流类似，不同之处在于，重子流可以单独存在于空间之中。在标准模型中的真空里，重子流的速率恒为零，换句话说，总是存在一个大小相等、方向相反的重子流随之一起流入、流出真空，这两个过程是对称的。某些与重子流场共振的场可以影响重子流的对称性，让我们称之为 B（重子对称性）。然而，这还不足以催生出重子产生过程。影响了重子流对称性的事物也会影响反重子流，因为真空也具有重子和反重子之间的对称性，也即保罗·狄拉克发现的物质与反物质之间的对称性。如果反重子出现了，那么它们就会和已有的重子彼此湮灭，最终什么也不会留下。因此，把粒子与反粒子联系在一起的对称性是一种需要被去除的相互作用，我们将这种对称性称为 C。最终，如果我们应用这种新的物理原理，同时违反 B 和 C，这些在反重子上产生的重子就不能达到背景辐射中的热力学平衡，新产生的重子也就不会"融化"在热流中。现在已经出现了几种重子产生过程的模型，不过它们都建立在该过程发生在暴胀之后的假设上。也许，声音宇宙会指向某种来源于驱动共振的场的重子产生过程，它可以一次性满足所有的萨哈罗夫条件。

2005 年的一天，我很不情愿地走在去斯坦福直线加速器中心（Stanford Linear Accelerator Center，SLAC）的路上，准备继续我的博士后工作。我已经好几个月没有新的想法了，这让我感到很沮丧。突然，我不由自主地想起了一年前在帝国理工学院时做过的一个梦，当时我把那个奇怪的梦告诉了克里斯·艾沙姆。在那个梦中，一位身着白袍的老人站在太空中，以闪电般的速度在黑板上写下一些方程。我沮丧地对老人说我太笨了，理解不了那些方程。接着，黑板消失了，老人慢慢地向一个方向旋转自己的双手。那时候，我并没有把这个梦当回事，艾沙姆却一直问我梦中的细节，比如那个老人的手的旋转方向。斯坦福大学的理论组一直致力于研究宇宙暴胀及其可能具有的固有对称性。我现在才意识到，老人的手的旋转方向提供了一种新的视角，它关乎如何打破宇宙暴胀中的对称性、生成重子不对称性。我走在棕榈大道（Palm Drive）上，一时间觉得苦尽甘来。我发现了一个从宇宙暴胀中得到重子产生过程的机会。

打开了一个潘多拉魔盒

我心里很高兴，于是在计算机科学系对面的一家咖啡馆喝了一杯啤酒。过了一会儿，我的博士后导师、斯坦福直线加速器中心理论物理组组长迈克尔·佩斯金（Michael Peskin，图 15-3）走了进来，和他一起的是博士后中的一位明星。我向佩斯金打了招呼，并告诉他，我已经在真空与重子产生过程之间建立了联系。那位博士后笑了笑，说："你又有了一个疯狂的想法。"佩斯金总是会给一位理论家表达自己的机会，我们另约了时间详谈。

在理论物理学界，佩斯金被称为"圣人"。他为人谦逊，戴着眼镜，蓄着胡子，拥有广博的物理学知识，对量子场论和超对称研究尤深。他的大多数博士后（包括我自己）都有点害怕和他交谈，并不是因为他很刻薄，而是因为与他讨论之后，我们总是会为自己在物理学上的无知而感到难堪。我第一次见到佩斯金是在研究生最后一年的一次暑期研讨会上，研讨会的主题是弦理论，他在会上做了关于粒子物理标准模型的演讲。一些理论物理学家之间流传着一个笑话：佩斯金就是物理学界的科伦坡中尉。年轻的读者可能不知道，《科伦坡》（*Colombo*）是 20 世纪 80 年代很受欢迎的电视节目，主角即为科伦坡侦探。衣冠不整的科伦坡侦探会对犯罪嫌疑人很礼貌，好像自己很天真一样，而实际上，他这么做是为了分散嫌疑人的注意力。科伦坡会问一些看起来很愚蠢的问题，这些问题既会激怒嫌疑人，又会诱导嫌疑人说出前后矛盾的话，最后嫌疑人不得不招供。

图 15-3　迈克尔·佩斯金

注：佩斯金是我在斯坦福直线加速器中心的博士后导师，也是一位基本粒子物理学家。图片提供者为佩斯金本人。

斯坦福直线加速器中心是世界上最难开展理论研讨课的地方。我经常在研讨课上看到这个谦逊的男人礼貌地举起手，用真诚而尖锐的声音说："抱歉，这里我不太懂。"做报告的人会立马落入陷阱，一开始他还会为可怜而"困惑"的佩斯金感到难过。接着，图穷匕见——当他意识到这个可怜而"困惑"的人让整篇报告都作废时，他的心情会迅速从同情变为恐惧。所以，想象一下做佩斯金的博士后整整三年，并且办公室就在他办公室旁边是一种什么样的体验吧！

当我和佩斯金提到我的新想法时，他表示很喜欢，并且让我做一些冗繁的计算——闭上嘴，低头算。后来我发现，这些计算实际上需要花费几个月的时间。我与同在斯坦福大学做博士后的莎因·谢赫-贾巴里（Shahin Sheikh-Jabbari）共同研究这个课题，他来自伊朗，是一位杰出的弦理论学家。那一年，我正在寻找一份终身教职，所以我非常想完成这个项目。每次我和贾巴里取得了一些进展，认为这个项目就快得到结论时，就会一起去找佩斯金，佩斯金则会说："噢，斯蒂芬，很抱歉，我还是有点不懂。"就这样，11个月过去了，剩下的时间不多了。

经过几个月的研究，我们惊奇地发现是暴胀场让真空的CP对称发生了破缺。而暴胀之所以会导致CP破坏，正是因为它内部产生了共振。由于时空可以弯曲和伸展，爱因斯坦证明了时空的扰动可以产生一种以光速传播的引力的波，也即引力波。一般来说，宇宙暴胀会产生引力波，因为暴胀场就像扔进池塘的石子，它会扰动时空结构。

在大多数暴胀模型中，宇宙暴胀会产生两种引力波，一种是左旋的，另一种是右旋的，就像你用左手和右手往同一个方向投掷橄榄球，球的旋转方式是不同的。然而，我们首次发现，在暴胀阶段，相比右旋引力波，暴胀场与左旋引力波共振产生的振幅更大。其结果是，左旋引力波只与物质相互作用，右旋引力波只与反物质相互作用。最终，左旋引力波的更大振幅导致物质的共振比反物质的共振更强。这种情况同时产生了 CP 破坏的条件，以及来自引力波的重子数——暴胀同时满足了萨哈罗夫三个条件中的两个。最终，最后一个萨哈罗夫条件（处于非平衡态）自然地出现了，因为在暴胀过程中，空间膨胀的速度比重子产生的速度要快得多。

佩斯金的困惑似乎永无止境，而且总是令人感到沮丧，我和贾巴里不得不继续深入挖掘。佩斯金能明确地指出研究中存在的问题，正因于此，我们才能得到关于宇宙暴胀阶段的重子产生过程的新发现。我们不断地提升自己的技能，并跌跌撞撞地走向最终的完美独奏。我和贾巴里提出了一种新的重子产生过程机制，它将暴胀过程中的量子涨落作用于宇宙结构形成的机制，以及物质的起源（物质在数量上压倒反物质）联系在了一起。暴胀是如何通过量子舞蹈实现这一切的？我们需要借助一首特殊的歌曲来解答这个问题，而这打开了一个潘多拉魔盒。

The Jazz of Physics

第四部分

我们的音乐宇宙

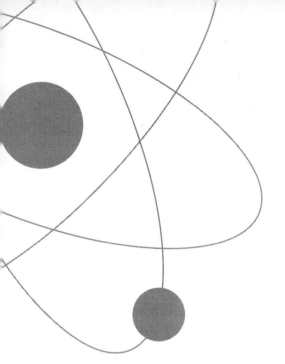

16

噪声之美

行星、恒星和星系等复杂结构是由原始等离子体中的声波产生的。在产生这些声音的时候，宇宙就像一件乐器。然而，我们对音乐的类比就停留在"意识到宇宙制造了这些声音"上了吗？毕竟，直观地看，音乐显然不仅仅是声音。对人类的耳朵来说，周期性的波是最具音乐性且最令人愉悦的。不过，约翰·凯奇等作曲家持有不同看法：

> 我认为，声音的本质确实是和谐的……而且，我会把这一理念延拓到噪声上。世界上并不存在噪声，只有声音。我没有听过任何我听过一次就不想听第二次的声音，除了那些恐吓我们或者听起来感觉很痛苦的声音。我不喜欢有意义的声音。如果一种声音是无意义的，那么我会很喜欢它。[1]

我们通常将噪声视为一种无用的信号，并且希望消除它，所以好的耳机都具有降噪功能。科学研究中也存在着无用的噪声。为了搜寻到自己期望的无线电信号，阿尔诺·彭齐亚斯和罗伯特·威尔逊都渴望去除那些讨厌的噪声。颇具讽刺意味的是，那些他们试图消除的"无意义的噪声"正是宇宙微波背景辐射！也许，我们应该像凯奇一样聆听来自噪声的音乐。

聆听来自噪声的音乐

借助傅立叶理念，我们可以理解噪声的来源。简单地把全部频率、振幅相同的波叠加起来，我们就会得到一个无特征的白噪声信号。这种声音在进入我们的耳朵时会表现为"嘶嘶"声，因为没有一个主导频率，每个频率对声音的贡献都是相等的。因此，白噪声实际上是最"民主"的声音。

其实，宇宙学家正在构建一种关于早期宇宙的新理论。该理论认为，早期宇宙产生的噪声是构成那些大尺度结构的基础。现在摆在我们面前的问题是，我们不知道第一次振动是如何从空无一物的宇宙中产生的，而正是这种振动催生了原始等离子体。"第一个声音"的起源还没有完全被实验证实。现在已经形成了几种精妙的理论，但它们都需要经过修正才能符合现有的实验结果，更遑论做出新的预言了。所谓的"微调问题"，其本质是我们不知道自然界中的常数在宇宙中为什么取这个特定的数值。为什么光速是现在这个数值？为什么决定粒子相互作用强度的耦合常数是现在这个数值？我们的宇宙就像一件经过微调的乐器。观测是领先于理论游戏的，例如，通过绘制星系的旋转轨迹，我们得到了暗物质存在的间接证据。暗物质非常神秘，如果没有它，星系就不会形成。随后，科学家构建了许多关于暗物质的模型，但到底哪一个是正确的呢？更进一步探讨，在关于早期宇宙的理论中，哪一个才是正确的呢？

就目前的情况而言，宇宙暴胀是描述早期宇宙最好的理论，因为它一次性解决了标准的大爆炸理论无法解决的两个重要问题。第一个问题是我们已经讨论过的视界问题，它又引出了另一个问题，即宇宙微波背景辐射中的光子在彼此之间没有发生相互作用的前提下是如何达到相同温度的。正如我们讨论过的，通过提供一个宇宙中相距不是太远的各部分能够相互作用的时期，暴胀理论解决了这个问题。第二个问题是找到产生振动能量的正确的物理机制，而振动能量是形成原始等离子体声音的来源所必要的。

我们可以通过深挖暴胀机制的细节来寻找答案。在广义相对论中，我们把引力场（或者时空）视为一种弹性介质。当物质与引力场相互作用时，它会改变引力场的弹性。"宇宙暴胀理论之父"阿兰·古斯发现，在早期宇宙中，如果某种具有负压力的奇异物质（本质上是一种能产生斥力的能量）在时空中占主导地位，那么宇宙就会经历一个快速膨胀的阶段，其膨胀速度甚至会超过光速。这个理论并没有违背爱因斯坦的相对论，因为相对论虽然不允许时空中的物质超光速运动，但对时空本身的膨胀速度并没有限制。

暴胀十分有趣，虽然它只是一种宇宙膨胀理论，但是它建立在量子场论和对称性论证的基础上。古斯认为，如果早期宇宙非常对称，那它将是不稳定的。它就像一支放在桌子上、笔尖朝下且还要保持平衡的铅笔。一支像样的铅笔具有多种旋转对称性，但即使是最微小的扰动也会使它落向任意一个指定的方向，这就打破了倒立的铅笔原本具有的旋转对称性。这个现象被称为对称性自发破缺，它在物理学中无处不在。让我们回忆一下我在库珀实验室中研究过的磁性伊辛模型。当一块金属的温度非零时，单一的自旋会指向随机的方向。而总的磁化强度为零。然而，铁磁体中最近的邻居更喜欢让磁场沿同一方向排列。因此，当温度低至零摄氏度时，自旋能量会降到最低，所有的自旋都将指向一个指定的方向。于是，对称性就破缺了。这种温度降低时对称性的降低正是一个对称性破缺的例子。

类似的现象也出现在量子场论中。不过，在量子场论中，控制对称性破缺的不是温度，而是宇宙学家称为的暴胀场。我大学时曾问古斯暴胀会不会做功，他回答时提到过这种场。在空间中暴胀场非零的区域，对称性会破缺，而暴胀场带来的负压力会导致这个时空区域以指数形式"暴胀"。这就是古斯的暴胀理论。

暴胀场正是我们宇宙的"导体"

随着宇宙以指数形式膨胀，神奇的事情发生了。我们知道，由于不确定性原理，量子振子永远不可能处于静止状态。暴胀场中的量子的行为非常像大量振子的集合，也很像一根正在振动的弦，不过，其与弦有一个主要的区别：小提琴的一根琴弦被拨动时，它可能会产生一系列泛音，这些泛音的振幅并不一定彼此相同。在暴胀的作用下，宇宙变成了一种特殊的乐器，其中大多数暴胀场量子的模式都是从相同响度的真空中产生（激发）的。这是因为暴胀背景作为一种源，其对所有模式而言贡献都是相同的。然而，这还不足以产生宇宙的初始结构，因为宇宙的对称性太强了。我们需要消除一些对称性。

想象一支由 100 把小提琴组成的管弦乐队，彼此演奏不同的音符。如果每个小提琴手都以完全相同的音量演奏自己的音符，那么听起来就像频率处于两个频道之间的收音机发出的噪声。这种噪声的极端版本就是白噪声。暴胀时期的量子波发出的就是这种声音，如果你的耳朵能听到的话。此外，暴胀还有一些更重要的行为。每个波都有自己的相位，相位是一个数字，会随着波形中位置或者时间延迟的变化而变化。原则上，这些相位是各不相同的。这就像把一堆石子随机地扔向池塘中的不同地方，它们的相位会随机地取不同的值，所以那些波发生干涉时会相互抵消。然而，在暴胀阶段，这些相位是相同的。这就像开始时所有小提琴奏出不同的音符，形成刺耳的杂音，一旦被某种场（或者说导像管［conductron］）扫过之后，它们奏出的就是完全相同的音符。在这种意义上，暴胀场就相当于宇宙的"导体"（conductor）。

20 世纪 80 年代，研究者发现，暴胀理论预言了原始波所具有的特性使得原始等离子体中能产生声波。原始等离子体也被称为暴胀量子涨落近规模不变功率谱。功率谱是一条曲线，表征的是连续频率范围内的响度，这与傅立叶理念以不同频率的纯粹波的集合来构造复杂函数完全相同。那时，人们还没有获得能证实或者证伪这一预言的观测结果。到了 1992 年，也就是古斯到哈维福德学院我所在的班级访问的那一年，宇宙背景探测器人造卫星测量了原始等离子体中的涨落，并找到了暴胀理论预言的谱。研究人员对宇宙微波背景辐射的测量持续了 20 多年，因此十分精确，比如由戴维·斯伯格和普朗克空间天文台共同负责的威尔金森微波各向异性探测卫星，前者是我在普林斯顿大学的同事。迄今为止，所有的观测结果都与暴胀理论的预言一致。

根据暴胀理论，一小片由暴胀场支配的空间取代了大爆炸的地位。在140 亿（14×10^9）年前的宇宙中，这个迷你宇宙小如微尘。暴胀场的量子振动随着空间的快速膨胀被拉长，并为宇宙微波背景辐射中声波的出现埋下了种子。最终，随着能量消耗殆尽，暴胀开始稳定下来。与振动的弹簧即将停在某处之前会在静止点附近做小阻尼振动一样，暴胀场依靠它的剩余能量继续振动。这些振动会激发在这个阶段与暴胀相互作用的物质场，并产生粒子。罗伯特·布兰登伯格与珍妮·塔森（Jennie Traschen）是最早描述这个阶段的宇宙学家，他们称之为"预热阶段"，标准模型中的大爆炸产物就产生于这个阶段。

通过应用广义相对论与量子力学效应，暴胀理论解释了早期宇宙中无处不在的白噪声的产生，而白噪声是宇宙结构的种子。暴胀结束后，这种噪声就像吹奏宇宙的"琴口"一样，在原始等离子体中转变成了声波，并激发了粒子的产生。暴胀理论自提出至今已经有30多年的时间了，令人惊奇的是，要想提出能解释噪声的替代理论是如此困难，但我们又确实需要替代理论，因为暴胀理论虽然非常成功，但并不完美。

暴胀理论存在的第一个主要问题是它对原始声音响度的假设。科学家分析了宇宙微波背景辐射功率谱中宇宙声音响度的测量结果，发现它偏离了等离子体平均能量约 1/10 000。任何与观测到的响度的微小偏差都会使宇宙变得不宜居，因为宇宙中的结构不是形成得太快而使得生命没有足够的时间进化，就是根本不会形成。不幸的是，即使是最简单的暴胀模型（由零自旋暴胀场 [2] 的量子场论描述），也不能给出白噪声响度的正确值，暴胀场自身也不能。理论物理学家必须引入一个自由变量，以控制暴胀场与自身的耦合 [3]。在最简单的暴胀模型中，自耦必须被人为地调整到一万亿分之一的精确度。任何对这个小到有点荒谬的数值的偏离都会导致一个不宜居的宇宙。暴胀模型共有上百种，抛开它们之间的区别，其共性是任何一个模型都无法解决微调问题。更糟糕的是，暴胀理论没有解释这种调节为何如此微小。微调问题也存在于量子场论中，后者描述了标准模型中的 3 种基本力（电磁力、强核力和弱核力）。一个有趣的微调问题涉及控制着电磁力与强核力的相对强度的参数，如果这些参数与观测值稍有出入，那么恒星上就不可能产生生命的基石——碳元素。

暴胀理论存在的第二个重要问题是它的起源。这又是一个微调问题。如何设定初始条件，才能使暴胀场具有正确的性质（包括被负压力和具有正确势［correct potential］的场支配的早期宇宙），以驱动正确数量的暴胀呢？在暴胀理论提出之后不久，亚历山大·维连金（Alexander Vilenkin）指出，如果宇宙完全由量子力学描述，那么暴胀就可以始于纯粹的真空能量，后者被他称为"空无一物的状态"。宇宙的量子态将始于不存在时空的真空，并且会自发地经历一种被称为"量子隧穿效应"（quantum tunneling）的现象，进而产生一片暴胀的时空（图 16-1）。根据维连金和其他物理学家的研究，这种量子隧穿效应可以发生不止一次，这让维连金的宇宙原初量子态有机会探索出许多不同的时空，每个时空都有着不同的"微调"常数。我们恰好居住在一个具有正确耦合常数的宇宙中，因为只有在这种宇宙中我们才能活下来，并且进行这种测量。这种推理方式叫作"人择原理"（Anthropic Principle）。许多物理学家都对人择原理不以为然，认为它不可证伪，所以是非科学的。大多数人认为，我们不可能观测其他宇宙。包括纽约大学的马特·卡勒班（Matt Kleban）在内的少数宇宙学家提出，早期的暴胀宇宙有可能与另一个泡沫宇宙发生碰撞，并在宇宙微波背景辐射中留下了一些我们或许能探测到的痕迹。

弦理论统一了 4 种基本作用力，并通过引入额外维，解决了为耦合常数分配数值的问题。我的同事李·斯莫林在与哈佛大学的弦理论学家安迪·斯特罗明格（Andy Strominger）讨论后，在他的著作《宇宙的生命》（*The Life of the Cosmos*）中前瞻性地指出了弦理论面临的巨大挑战，即它很难唯一确定自然界中的耦合，因为它所描述的 10 个维度能以多种方式卷曲起来，形成四维时空。斯莫林辩称，弦理论赋予四维世界的数不胜数的可能性将为耦合常数提供一个大"背景"，而对理论物理学家来说，从弦理论中找出自然界中的常数如此取值的原因几乎是不可能的。

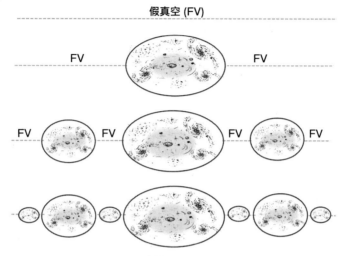

图 16-1　从假真空的能量中演化出的暴胀宇宙

注：此图描述了从假真空的能量中演化出的暴胀宇宙。在这种情况下，最终形成的
将是许多泡沫宇宙。这个过程将永远持续下去。

2003 年，当我还在斯坦福直线加速器中心做博士后时，伦纳德·萨斯坎德发表了一篇论文，改变了整个弦理论的格局。论文的题目是《弦理论中的人择景观》（*The Anthropic Landscape of String Theory*），摘要中说："无论我们是否喜欢它，这种行为都支持着人择原理。"萨斯坎德所谓的"这种行为"意指他的观测，观测的结果是，弦理论允许多个具有各自耦合常数的四维世界存在，而不是给出耦合常数的唯一解——这与斯莫林的期望是一致的。据萨斯坎德推测，弦理论会产生很多膨胀的气泡，它们充斥着背景，并生成不同的耦合常数。我几乎是立刻就知道了他的观点对我们这些年轻博士后的影响。一夜之间，我们的狄拉克之梦变成了梦魇。当我们从万物至理中寻找这个世界的唯一解已是徒劳无功时，还有什么是可以计算的呢？

由于萨斯坎德对我总是非常友好，而且非常支持我的事业，所以我很自然地问他："现在我们要面对这个背景了，我们还能做什么呢？"萨斯坎德回道："虽然我们有幸身处众多宇宙中的一个，但我们依旧需要在弦理论中找到一个实现暴胀的例子。"我虽然对这位我心目中的物理学领域的英雄无比崇拜和尊敬，但还是无法接受多元宇宙的理念。我最大的一个异议在于，弦理论不能预言微调常数的具体数值。因此，本着奥尼特·科尔曼的精神，我放弃了弦理论，开始寻找其他研究早期宇宙学的方法。

在过去的 15 年里，我既研究暴胀模型，也研究暴胀的替代理论。所有这些模型都存在一定的微调问题，因此，任何对早期宇宙的正确物理机制的洞见都需要处理微调问题。如果暴胀理论或者任何替代理论看到了成功的曙光，那就意味着我们必须理解自然界中的这些常数是如何出现的。

一次偶然的机会，我在巴黎的亨利·庞加莱研究所参加了一个 M-理论（M-theory）新手训练营，为期 3 个月，日程非常紧张。虽然 2000 年时美国的政策在欧洲不受欢迎，但我还是在欧洲交到了许多物理学家朋友，其中与我关系最好的是克里斯·赫尔（Chris Hull），他是讨论班中的主讲之一，也是 M-理论的共同创立者。赫尔与保罗·汤森（Paul Townsend）发现，相比其他描述点粒子的普通场论，弦理论具有更高的对称性，或者说自同构（automorphism）。1995 年，爱德华·威滕在南加州大学做了一次历史性的演讲。基于赫尔的计算，威滕推测，5 种弦理论实际上都是一种潜在的十一维理论的不同表现。M-理论中的另一个关键之处在于，它不仅是一个有关弦的理论，还拥有更高维度的振动物体，即 D-膜（D-brane，如图 16-2 所示）。

乔·波钦斯基（Joe Polchinski）发现，不同的弦可以共同地以多个维度的膜为终点。最简单且直观的例子是二维曲面，或者说 2-膜。波钦斯基的发现之所以成为可能，是因为弦的终点可以在膜的表面上变动，而不是像吉他弦一样被固定住。令人欣喜的是，波钦斯基发现这些曲面是物理物体，因为它们解决了弦理论中两个存在已久的问题。第一，弦可以是伸展（开）的，也可以形成闭环，而只有闭弦（closed string）才具有目标空间二元性。通过引入 D-膜，波钦斯基证明了开弦（open string）也具有目标空间二元性。第二，弦理论中的量子理论具有另一种荷，即拉蒙德－拉蒙德荷（Ramond-Ramond charge），没有可识别的物体与之耦合。波钦斯基证明了 D-膜正是载有拉蒙德－拉蒙德荷的物体，就像点粒子（0-膜）载有电荷一样。

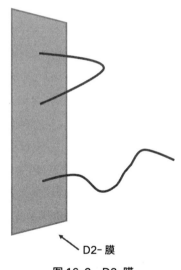

D2- 膜

图 16-2　D3-膜

注：一种特别有趣的 D-膜是 D3-膜，它是一种三维膜。在这个 D3-膜里，与以这些膜为终点的振动的弦相关的标准模型中的场被约束在一起。因此，一个严谨的 D3-膜可以作为宇宙的优秀候选者。其实这并不是一个新的观点，物理学家丽莎·兰道尔（Lisa Randall）和拉曼·桑卓姆（Raman Sundrum）就曾提出过[①]。

——————————

① 丽莎·兰道尔曾在其著作《弯曲的旅行》中对该观点进行了详细的论述。该书中文简体字版已由湛庐文化引进，浙江人民出版社 2016 年出版。——编者注

有可替代的暴胀模型吗

我曾试图寻找一种直观的数学方法来实现弦理论中的暴胀，当然，我并不是在孤军奋战。尽管我研究了多种弦理论，但可怕的是，其他博士后比我研究得还要透彻。慢慢地，我开始从演讲与物理学讨论中抽离出来，自然地融入了巴黎的爵士乐现场。最后，我完全从那个声名卓著的 M- 理论讨论班消失了。我想，如果我不能在物理学上走传统的道路，那么我就要走出自己的道路。当我不玩音乐的时候，我会在沾上巧克力酱的湿纸巾上乱画图表和初步的方程。接着，我会切换到音乐频道，写下一些我正在研究的一个标准的和弦变换的记忆方法。在我的音乐休息时光里，有廉价又美味的当地红酒和巧克力酱香蕉薄饼陪伴着我。

在爵士乐的背景中，当我用 D-膜的方程在餐巾纸上进行一场"独奏"时，一阵掌声突然打断了我。人们鼓掌的动作与 D-膜融合在一起，我脑子里瞬间闪过一个念头：D-膜的碰撞有没有可能点燃大爆炸呢？宇宙学家有时会把大爆炸与宇宙暴胀混为一谈。

我会冒出这个想法并非出于巧合，因为那时我正在努力研究阿莎可·森（Ashoke Sen）有关碰撞膜的论文，他是一位杰出的印度弦理论学家。当粒子与反粒子碰撞时，它们彼此湮灭，并产生辐射。但阿莎可证明了，当膜与反膜碰撞时，它们也会彼此湮灭，但产生的是低维的膜。尤其值得一提的是，D5-膜与反 D5-膜湮灭时会产生 D3-膜。当时我正在探究 D-膜的物理学，因为它们有可能解决暴胀中的微调问题。D-膜非常强大，因为在 D-膜上终止的开弦的运动会在 D-膜上形成量子场。因此，我们的宇宙和标准模型中的场可以存在于一张有着三个空间维度的膜，也即 D3-膜上。更有趣的是，D-膜的弯曲与伸展控制着耦合常数。又喝了几杯酒之后，我去拜访了那时我在弦理论领域最要好的朋友桑迦叶·拉姆古拉姆（Sanjaye Ramgoolam），他当时是这个领域的开拓者。他有可能会发笑，但不会评判我。我们是朋友。

我们在音乐厅的拱形建筑里见了面。"桑迦叶……我认为我找到了一种从弦理论中得到暴胀的方法。"我说。我画了一些图给他看，并告诉了他我大脑里不成熟的想法。拉姆古拉姆在很严肃但又有点怀疑的时候，会用他那双似乎能洞穿一切的眼睛凝视着你。"你脑子里总会冒出各种各样的想法，但现在我们还是先停下来……给我些方程，然后我们再谈。"我觉得这是一个好的信号。拉姆古拉姆通常带着严厉的爱，瞬间打消了我的想法，这次他也试图这么做，但我并没有轻言放弃。显然，多年的弦理论学习让我变得更强大了。我立即带着一大沓白纸回到了我的咖啡厅办公室，然后开始了计算。我处于一种难以言说的兴奋状态，彻夜不眠地工作。在狂喜中，我即兴演奏着我的计算，并坚信这些方程可以得出解。几个月之后，我完成了计算工作。当我把我的工作成果交给拉姆古拉姆审阅时，他言简意赅地说："你搞定了！"简而言之，我提出了一个基于 D-膜湮灭的暴胀模型。

阿莎可的关键发现是，于居住在 D5-膜上的观测者看来，由 D5-膜创造的 D3-膜就像一根旋涡一样的弦，正如在三维观测者眼中一维事物就像一根弦一样。在这两种情况下，D5 与 D3、D3 与 D1 之间的维数差均为 2。所以，我们可以将旋涡推广到任意维数，只要维数差为 2 即可。在弦理论出现之前，宇宙学家试图构建一个暴胀发生在旋涡中心的暴胀模型，但由于微调问题的存在，他们没能成功。我在一系列"健康的"前提下解决了微调问题，并且证明了暴胀可以在 D3-膜上发生。微调问题之一是耦合常数不能由该理论先验地决定。在我的模型中，耦合是由弦理论中内蕴的一个量决定的，也就是张力。我找到了暴胀 3-膜宇宙的一个数学解，这个宇宙有着更为温和的微调，其优势在于耦合常数可以由理论决定。

回到伦敦后，我便把我的文章草稿交给世界顶尖的弦理论学家阿卡迪·蔡特林（Arkady Tseytlin），让他帮我审阅。其他物理学家称他为"人形计算机"，文章中若有不严谨的地方，他都会发现，而我相信并不存在一个完美的理论。蔡特林谨慎地说："把这篇文章投出去吧。"感谢上帝！在我投出文章两个星期之后，剑桥大学、麦吉尔大学和普林斯顿大学的一些理论物理学家也发表了类似的文章，即基于膜湮灭相互作用的暴胀模型。多年来，我一直梦想着能拥有一项属于自己的理论发明，现在我终于梦想成真了。这篇文章名为《基于反 D-膜和 D-膜湮灭的暴胀》（*Inflation from D-Anti D brane Inflation*），于 2001 年发表，被引用了 200 多次。

最终，我的文章为弦理论与宇宙学的子领域做出了巨大的贡献，但我以及经验更为丰富的弦理论学家都清楚地知道，我所提出的模型中的微调只是被另一种微调取代了，即需要一种多宇宙理论人为地在每个宇宙中确定耦合常数，这些宇宙是在多次暴胀的实现过程中产生的。这或许会被视为托勒密的"本轮论"的一个诡异的例子。我依旧对弦理论以及基于弦理论的更复杂的暴胀模型抱有兴趣，后者的灵感来自我之后的工作。在有幸遇到另一位爵士乐物理学家后，我找到了暴胀研究的新方向。

我是在斯坦福直线加速器中心做博士后时认识戴维·斯伯格的。他是威尔金森微波各向异性探测器科学团队中的领袖科学家之一，他根据探测器卫星实验结果发表的文章的引用次数居于物理学界之最。斯伯格是普林斯顿大学天体物理学方面的负责人，也是我们这个领域中的巨人。除此之外，外界对他知之甚少。我第一次见到他时，他和大街上的普通人没什么两样。那时，斯伯格蓄着时髦的山羊胡，穿着色彩鲜艳的夏威夷风衬衫、短裤和凉鞋。博士后们都非常敬畏他，我们中的大多数人都害怕与他对话。那时，我感觉自己是理论组中的边缘人物。有一天，斯伯格与几位教授和博士后外出时，我碰到了他。我紧张得不知道该说什么，嗫嚅着说了一些可笑的话——一个我正在探究的疯狂想法。令其他教授惊讶的是，斯伯格严肃地回答了我的问题，并建议我启动这个项目。他有着在做计算之前就"看到"结果的能力，这与爱因斯坦的思想实验十分相似。

几年之后，我又与斯伯格联系了一次，同样的一幕再次上演。我向斯伯格表达了自己对暴胀模型太过复杂的不满。我们随意地开始了谈话，讨论着暴胀从已知物理学中产生的可能性。可能性最大的物理学到底是哪一种呢？对于这个问题，我们都感到很困惑。接着，"尤里卡时刻"① 到来了，答案呼之欲出。正是光！电磁场载有能量。如果暴胀之前的宇宙中充满了光辐射，会发生什么呢？也许这些能量会让空间膨胀。斯伯格邀请我到普林斯顿大学做一年访问学者，那时我还在哈维福德学院，正在享受假期。我与我的博士后安东尼诺·马尔恰诺（Antonino Marciano）一起建立了一个简单的奥卡姆剃刀模型，这是基于光子与电子相互作用的暴胀模型。在这种情况下，标准模型之外的物理学并不是必需的。然而，宇宙必须始于一种不寻常的平坦状态。这个模型基于我们已知的正确的物理机制，是新一代暴胀模型的典型代表。它虽然还存在很多问题，但证明了一个原理，即暴胀可以不依赖于额外的量子引力理论。

---

① 源自希腊语 "eureke"，指通过神秘灵感获得重大发现的时刻。——编者注

17

音乐宇宙

物理学的所有领域都存在微调问题。若论典型的爵士乐物理学家，我首先想到的是乔奥·马古悠（Joao Magueijo，图 17-1）。马古悠早年曾作为先锋古典钢琴作曲家接受即兴演奏训练，还是空手道黑带选手。在罗伯特·布兰登伯格邀请他到布朗大学参加一个讨论班时，我第一次见到他。在准备阶段，我们小组需要讨论一篇看起来颠覆了传统的论文，论文作者是马古悠和暴胀理论的先驱安迪·阿尔布雷克特（Andy Albrecht），论文题为《宇宙谜题的解决方法之光可随时间变化》（*A Time Varying Speed of Light as a Solution to Cosmological Puzzles*）。噢，爱因斯坦不是已经明确地说过，光速是不可超越的吗？是谁胆敢挑战伟大的爱因斯坦？马古悠和阿尔布雷克特证明了，如果光速在早期宇宙中可以是无穷大，那么宇宙微波背景辐射中的光子就有时间相互作用，从而解决视界问题。这样就存在一种机制，使得光速稳定在我们现在观测到的宇宙中的这个常数，就像温度可以控制磁性材料中磁性的产生一样。这意味着暴胀理论提出的视界的解存在一个替代理论。另外，它还具有解决微调问题的潜力，因为它包含了这样一种观点：一个理论可以在随时间变化的场之间产生耦合，这与在多元宇宙之间随机分布是截然不同的。

图 17-1　理论物理学家马古悠

　　这又自然地引出了一个问题，即自然界中的其他常数是否会随时间变化。为什么只有光速会随时间变化？在一次组会上，布兰登伯格以他一贯对待替代理论的开放态度，提出基本常数在量子引力理论中无须保持恒定不变。他是正确的。爱因斯坦的理论指出，光在空无一物的空间中以最大的恒定速度传播。正是因为狭义相对论的数学对称性（即洛伦兹对称性），参照系之间的相对光速彼此之间才能保持定常速度。狭义相对论中有多个参照系，每个参照系中都有观测者。无论这些参照系相对于彼此的速度是多少，每个参照系中的光速都必须相同。换言之，如果一个观测者观察另一个参照系（比如一列行驶中的火车），他看到的光速依旧是一样的，即便这个参照系存在着相对运动。正是因为这种对称性，我们关于光的标准理论（或称电磁学）才不能与真空中变化的光速相容。然而，当光波在不同的介质（如玻璃）中运动时，洛伦兹对称性就不复存在了，而且光速相对于真空是可以变化的。这就是马古悠的论点的本质。或许是时空中的量子效应从根本上影响了爱因斯坦钟爱的洛伦兹对称性，并导致了早期宇宙中光速的变化。正如结果所示，弦理论中额外维的形状确实会致使某些常数在整个时空结构中发生变化，光速就是其中之一。[1]

当我们走进讨论班的教室时，马古悠正坐在教室前面，他头发黑亮、五官俊朗，脸上挂着顽皮的笑容，穿着普通的黑色 T 恤和黑色牛仔裤。有一些人似乎是专程赶过来的，就为了看这个物理学"拉丁坏男孩"与穿着粗花呢衣服的年长者辩论。大多数教授都坐在教室前方，准备与他较量一番，看他是否敢于直面"光速是常数"这一宝贵的思想。然而，出乎所有人意料的是，也很可能让他自己也感到好笑的是，他并没有谈论自己向爱因斯坦的理论发起的挑战。

宇宙是音乐的

在量子宇宙学领域，马古悠的演讲被称为"拍摄宇宙的波函数"。等等，什么的波函数？量子力学一般是描述亚原子物质的。然而，我们已经知道，宏观世界的经典定律可以从量子力学中产生——宇宙中的压力波来自量子涨落，而后者是我们今日看到的所有结构的源头。因此，量子宇宙学的哲学就是将量子力学应用于整个宇宙。这意味着，在暴胀时期，我们不仅要量子化暴胀场，还要量子化时空本身。量子宇宙学贯穿了量子引力理论的所有领域，而这是它独有的特征。

演讲结束后，我与马古悠花了几个小时的时间讨论一些新的想法，这些想法关乎在弦理论的背景下实现他的光速可变理论。他让我想起了爵士音乐家桑尼·罗林斯、约翰·柯川、迈尔斯·戴维斯和奥尼特·科尔曼，他们都熟练掌握了传统爵士乐，并在此基础上将其推上一个新高度。他们都不在意权威人士的看法，或者专业人士的反应。他们做出的变化有时是刻意为之，有时源自即兴演奏。本着这种精神，我接受了光速可变理论。在咖啡馆里，我和马古悠共同即兴演奏了物理学。此后，我与马古悠一直保持着联系。回到伦敦帝国理工学院后，马古悠与弦理论学家凯洛格·斯特里组建了一个团队，并雇我做他的博士后，让我和他一起把他的光速可变理论扩展到量子引力领域。

这种兼收并蓄与即兴演奏的方法让我找到了自己在物理学中的位置。我从物理学和音乐两个领域中的大师身上学到了两种价值观，这些大师包括丹尼尔·卡普兰、利昂·库珀、罗伯特·布兰登伯格、杰伦·拉尼尔和科尔曼。通过把物理学与音乐编织到一条思想的大道上，我学会了将音乐中的概念作为了解现代物理学与宇宙学的切入点。对我来说，类比法让物理学变得更容易理解、更令我兴奋。

探究我们祖先留下的足迹是很有趣的：伟大的古代思想家试图通过声音来理解物理学，并通过物理学来理解声音。毕达哥拉斯研究锤子与弦，试图探究悦耳的音乐从何而来，而开普勒则利用他"宇宙是音乐的"的直觉，在天文学、物理学和数学领域做出了巨大的贡献。

音乐与声音恒久存在，无论我们是否聚精会神地倾听，它们都是宇宙中不可或缺的一部分。音乐作品的对称性反映了量子场中存在的对称性，在这两种情况下，对称性的破缺造就了美丽的复杂性。在物理学中，我们可以通过对称性破缺得到自然中多种不同的作用力；在音乐中，我们则可以得到张力与决心。

同时知道粒子的位置和目的地的不确定性完美地反映了爵士乐即兴演奏。被暴胀放大的振动谱也即那些产生了今日的宇宙结构的谱，其与噪声的谱是相同的，这是多么不可思议呀！两者的基础都是波的傅立叶叠加。宇宙微波背景的和声结构源自量子噪声，正如不同的节拍与节奏产生自基本波形、振动、均匀的重复与循环。斯特拉瓦迪里（Stradivarius）小提琴之所以让琴师们梦寐以求，是因为它与众不同。每件乐器都有着自己的声音和特征，宇宙也不例外。这正是物理学家把宇宙微波背景辐射的振动视为暗物质或暗能量的特征痕迹的原因。在我们今日所见的由星团和星系构成的超星系团中，振动继续以这些模式存在。

告诉一个孩子，宇宙刚刚诞生时，原始等离子体中的声音就创造了第一批恒星和星系，随后又产生了有着复杂模式的星系，以及以特定的共振频率"唱歌"的恒星。接着告诉他，宇宙中的事物远不止于此。所有的类比法都不再有效。然而，库珀曾告诉我，一个强大的类比可以让你发现一些新的事物，这是你通过理论本身无法获得的。将这些类比传授给孩子，他们长大后就会突破现有理论的边界。

如果我们把音乐与物理学之间的类比往前推进一步，会发生什么呢？马克·特纳对即兴演奏的认识让我理解了量子力学，音乐还能告诉我们什么呢？如果我们把宇宙与音乐之间的类比变成一种同构（一一对应），并推测宇宙是音乐的，且看一看这能带给我们什么，结果又会如何呢？这能催生新的物理学领域，或者在宇宙学的争论中指向一个更优的选择吗？接下来，让我们一起探索这些新的理念。

宇宙之声正是这件乐器，而这件乐器正是宇宙之声

围绕"宇宙是音乐的"这一概念的争论焦点，正是"音乐"这个词在宇宙领域中的应用。音乐被认为是一种人类的创造，它基于我们对声音的感知，并根据和声、节奏和旋律来组织声音。事实上，音乐也关乎用噪声和不协调的声音来创造节奏和张力，或是改变原所期待的乐段中的和声方向。当我提到一个音乐的宇宙时，我实际上是指这些元素，它们可以延拓到支持波现象的所有介质，也就是物理学和宇宙。如果宇宙是音乐的，那么从本质上说它就类似于波，可以表述为声波随时间的演化。现代作曲家斯潘塞·托佩尔（Spencer Topel）曾在一次私人谈话中对我说：

> 一千个人眼中有一千个哈姆雷特，所以我们几乎不可能定义音乐，但可以用一个复杂而混乱的波形来表示，其中也包含着美丽的结构。同样，当我们仰望天空时，我们既看到美丽，也看到混乱。宇宙与音乐都是由波的结构及其之间的关系所驱动，并都包含着我们几乎无法理解的复杂性，不过结构是可以分辨的，它赋予了我们所见与所闻的意义。

请记住：如果不存在宇宙的外部，而宇宙就像一件乐器一样运作，且拥有所有的音乐元素，那么宇宙这件乐器是可以自己演奏的。换言之，宇宙之声正是这件乐器，而这件乐器正是宇宙之声。构成宇宙的所有事物（包括时空）都必须振动。

只需将宇宙的膨胀速率作为一个参数，我们就可以把这个观点转换为物理理念。如果膨胀速率以一个纯音的频率振动，我们就可以得到一个我称为"节奏宇宙"（rhythmic universe）的宇宙，即循环宇宙（cyclic universe，如

图 17-2 所示）。事实上，循环宇宙也是爱因斯坦的相对论的一个精确解。这种类型的宇宙绕开了一个令人费解的问题："在大爆炸之前发生了什么？"答案是：宇宙经历了一个收缩和膨胀不断重复的过程，但并没有"开始"。不存在大爆炸的奇点，时间总是存在着。这是宇宙能演奏的最纯粹的音，这个声音本身就是宇宙尺度的振动。

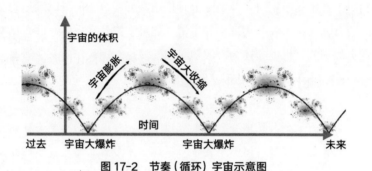

图 17-2　节奏（循环）宇宙示意图

　　循环解法其实有着悠久的历史。循环宇宙学最早的一个版本来自古印度哲学。古印度人认为，宇宙在时间长河中永存，并以 86.4 亿年为一个周期，宇宙在一个周期内会经历从诞生到毁灭的全过程。

　　柯川对中国和印度的古代哲学与音乐的研究把他带向了现代宇宙学，而且走得比他想象的还要远。这很容易让人联想到柯川在《巨人的步伐》中的即兴演奏，这首曲子是一个循环结构，体现了循环宇宙不断膨胀与收缩的宇宙之舞。爱因斯坦的广义相对论允许振荡宇宙（oscillating universe）的存在，宇宙的时空在过去经历了无穷多的一系列膨胀与收缩。宇宙大爆炸正是无数次爆炸中的一次。与暴胀相似，循环宇宙有着自己的优势与不足，因此它依旧是宇宙学研究的前沿方向。循环宇宙理论面临的一大挑战关乎一种不祥的场的存在，这种场被称为"鬼场"（ghost field）。

为了得到一个循环宇宙，过去的收缩宇宙必须突变为一个膨胀宇宙，宇宙学家把这种现象称为"宇宙反弹"（cosmic bounce）。想象一下扔出一个球，它若想改变方向，就必须撞击地板，然后减速，直至速度为零，并且改变向下的速度。由于动量守恒，而且球具有弹性，所以这会自然地发生。相似地，减速宇宙的"速度"会有一个暂停，并在达到零速度之后又反弹回加速的状态。为了让这一切发生，我们需要一个能让时空表现得像一个"弹力"球的场，这个场就是鬼场，它是一个具有无穷多的负能量的"仓库"。物理学家不喜欢鬼场，因为它可以出于量子力学机制自发地转换为无穷多的光能量。而鬼场之所以能转换为光能量，是因为根据交换费曼图，光子（自然界中最轻的粒子）可以从鬼场中"窃取"负能量，以创造大量光子。我们从来没有见到过鬼场的这些迹象，所以如果循环宇宙是真实存在的，而且确实依赖于鬼场，那么鬼场应该已经找到了避免自身衰变为光子的方法。高等研究院（Institute for Advanced Studies）的尼玛·阿尔坎尼 - 哈米德（Nima Arkani-Hamed）及其同事提出了一种可能的机制：鬼场缩小，把负能量限制在一个有限的值域上，以防止自身进一步衰变为光子。[2]

无论鬼场是不是让宇宙像凤凰一样从死亡中浴火重生的"幕后推手"，或许我们都还需要一些新的陌生事物。令人难以置信的是，无论在哪种情况下，爱因斯坦的理论都包含了一个像纯音一样振动的宇宙，这个宇宙的运行机制表面上看起来很简单，实则为其中可能具有的复杂性留下了空间。宇宙学家花了大约 70 年的时间才找到这种循环的可能性。早在 20 世纪 20 年代，爱因斯坦就考虑用振动的宇宙替代他的理论所预言的永远膨胀的宇宙。1934年，理查德·托尔曼指出了循环模型与热力学第二定律的相悖之处，即熵

（entropy）①将永远随着时间的推移而增加。随着宇宙经历一个又一个周期，熵会不断增加，周期也会慢慢变长。³如果往回推，周期就会越来越短，最终回到了大爆炸的奇点——没有永恒的周期，一切又回到了起点。不过，暴胀理论的微调问题给了一些聪明的宇宙学家勇气，他们开始重新研究循环宇宙。

尽管许多宇宙学家不愿意接触像循环宇宙理论这样的奇怪理论，但几年前，约翰·巴罗（John Barrow）、达格妮·金伯利（Dagny Kimberly）和马古悠开始重新考虑循环宇宙的概念，以及由保罗·斯泰恩哈特（Paul Steinhardt）和尼尔·图罗克（Neil Turok）提出的托尔曼理论的解。巴罗、金伯利和马古悠研究的是当宇宙收缩到"大爆炸"区域时，两个电子之间的耦合强度是否会发生变化。答案是确实会。

多元宇宙猜想的问题在于理论物理学家很难进行可靠的数学计算，以描述泡沫宇宙（bubble universe）的真实产生过程。在节奏宇宙的情形下，由于存在正弦膨胀和收缩的精确解，所以我们得以绕开涉及产生婴儿宇宙的数学问题和概念问题，后者似乎需要一个成熟的量子引力理论，但目前还没有这样的理论。音乐类比展现了巨大的潜力，为解决微调问题开辟了新路径。这种建立在振动和循环基础上的类比十分精妙。

在撰写本书时，我正在努力寻找爵士乐与宇宙学之间的同构。我找到了一种新的宇宙学机制，解决了微调问题，并摆脱了多元宇宙猜想。这始于用柯川的《巨人的步伐》作类比，并把这个类比转换为一种同构。让我们回到柯川的独奏上来。众所周知，柯川的独奏通常会持续很长时间，有时甚至长

---

① 熵指一个系统内在的混乱程度。——编者注

达几个小时。像《巨人的步伐》这样的曲子有两个内蕴的周期。第一个周期是和声周期，第二个周期是节奏周期。在大多数情况下，移动的调性中心有三个，就像一个绕着五度圈旋转的三角形。和声旋转随时间不断重复自身。这就是柯川即兴演奏《巨人的步伐》等曲目时所遵循的框架。所以我想象着，每次歌曲重复循环的时候，即兴演奏者就开始演奏新的独奏，或者是基于他们演奏过的独奏曲目的偶排列。如果我们把这些音符映射到耦合常数上，把节奏周期映射到周期性的收缩与膨胀上，结果又会如何呢？

为了使耦合常数能在循环宇宙的情境下发生变化，耦合必须像场一样运动，而这些场必须与引力本身相互作用。结果是，弦理论自然地具有与引力相互作用的耦合场，而这些场会在反弹时期发生变化。当我发现耦合常数在收缩－膨胀时期的变化时，我便告诉了同事马塞洛·格雷斯（Marcelo Gleiser），他十分吃惊。"我们把这个想法写成一篇文章吧。"格雷斯说。最后他写成了那篇名叫《用循环宇宙解决微调问题》（*A Cyclic Universe Approach to Fine Tuning*）的论文（图 17-3）。

A Cyclic Universe Approach to Fine Tuning

Stephon Alexander, Sam Cormack, Marcelo Gleiser[1]

[1] *Department of Physics and Astronomy, Dartmouth College Hanover, NH 03755*
(Dated: July 6, 2015)

We present a closed bouncing universe model where the value of coupling constants is set by the dynamics of a ghost-like dilatonic scalar field. We show that adding a periodic potential for the scalar field leads to a cyclic Friedmann universe where the values of the couplings vary randomly from one cycle to the next. While the shuffling of values for the couplings happens during the bounce, within each cycle their time-dependence remains safely within present observational bounds for physically-motivated values of the model parameters. Our model presents an alternative to solutions of the fine tuning problem based on string landscape scenarios.

图 17-3　论文《用循环宇宙解决微调问题》

在演算了存在变化常数的循环宇宙的广义相对论方程之后，我们得到了一幅漂亮的图景，进而得以深入探索微调问题的解决之法。当宇宙膨胀时，耦合场并不会变化；能量潜藏起来，变成所谓的势能——它做好了随时上场的准备，但并没有被应用。由于宇宙经历了收缩 - 膨胀振动，耦合场获得了大量的动能。在这种情况下，耦合场就像山脚下的一个球，踢一下它，它就可以越过势阱（potential well），并改变自身的值。然而，踢的这一下会使它随机取一个与原来的周期有点关系的值。当宇宙再度膨胀的时候，耦合场会失去能量，重新落回到阱中。物理学家能证明耦合场的动量在每次反弹中都是随机的。想象在遥远的过去，宇宙经历了几万亿次连续的反弹。在反弹中，耦合会随机地变化。因此，我们恰好生活在某个耦合正好适合演化出生命的时代。根据这个理论，数十亿年后，宇宙会再度收缩，而耦合也会随之变化，未来的定律可能不再适用于我们已知的生命形式（图 17-4）。

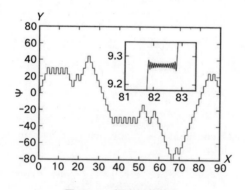

图 17-4　耦合场的演化

注：一个关于耦合场如何在宇宙每一个周期的反弹中演化的数值解。Y 轴表示耦合常数的数值，X 轴表示宇宙时间。

我们的生命和赋予我们生命的事物——特殊的量子涨落、时空、行星与恒星，有可能是一个更大的整体的一个周期内的一部分，在某种程度上这是一个非常动人的故事，而且足够令人满意。我们的宇宙可能只是简单地沿着某个循环运动，等待着下一次的即兴演奏。

18

星际空间

正是这些知识……在永恒的真理中，把我们与单纯的动物区别开来，并在科学中给予我们理性，提高我们对自身的认识……这些必要的、永恒的真理是所有理性认识的首要原则。它们是我们与生俱来的。自宇宙诞生开始，它们就是自然中的特定原则，因为它们体现了整个宇宙的本质。

——莱布尼茨

从构成核物质的夸克的对称模式到 DNA 的双螺旋结构，再到超星系团中的星系模式，宇宙中充满了各种各样的结构，甚至创造这些结构的物理定律本身也具有结构，这个结构由对称性原理和对称性破缺之间的连续作用所主导。在本书中，我们进行了一场声音之旅，讨论了宇宙中这些结构的展开有着音乐特征。和谐、对称性、不稳定性和即兴演奏的缺口共舞，共同协作以维持宇宙结构，这就像折叠的宇宙如柯川的独奏一样展开。宇宙结构的催化剂是量子场，它们在时空的收缩与膨胀之间趋于和谐。在整个时空背景中，这些场的原始振动就像一件乐器的振动体，创造了宇宙中的第一个结构。通过振动、共振和相互作用，微观世界与宏观世界联系在了一起。

　　爱因斯坦说得好："宇宙的最不可理解之处，就在于它是可理解的。"物理定律、恒星、行星，乃至最终总结出这些定律的生命形式是如何形成的呢？当我们思索声音、即兴演奏和结构形成之间的联系，以及与最有趣的结构（即生命本身）之间的因果联系时，我们会不由自主地问："宇宙是有目的地创造了这些结构吗？"当物理学家开始谈论目的时，我们就陷入了黑暗的泥沼。我撰写了这一章，而你正在阅读我写下的这些文字。我们生而为人的意义之一，不就是为了寻找目的吗？毕竟，我们是数十亿年来结构形成的产物。在体现人类所付出的努力方面，音乐可能是最佳范例，一方面，它既有数学的根源，也有物理的根源；另一方面，它具有唤起强烈的情感和目的感的能力。探究音乐能深深地打动我们的原因是一件乐事，这是对我们与宇宙之间的基本联系的一种听觉暗示。如果宇宙起源建立在声音模式的基础上，那么认为音乐本能地帮助我们探索宇宙的起源是否有些牵强呢？

　　我们已经知道，在大爆炸之后，声音模式的谱取决于自然界中的微调"常数"，就像试图让铅笔尖端向下以求得平衡，这些常数必须由未知的定律来微调，以形成有生命存在的宇宙结构。回想一下我们之前做的类比，宇宙就像一件乐器一样运作，它可以通过自我调节来演奏出恒星、星系乃至生命的宇宙之声，它必须掌握能实现这种自我调节的方法。通过这种音乐宇宙类比，我提出了一种和声（或称循环）宇宙理论作为微调问题的潜在解。如果宇宙像一个纯音一样经历了无限多的一系列收缩和膨胀，那么通过在收缩－膨胀的反弹之间即兴演奏新的数值，自然界中的常数就可以自我调节。当宇宙进入膨胀期（比如我们现在所处的时期）时，耦合场就被固定在反弹时期的数值。如果我们的宇宙在过去经历了很多个周期，那么这些耦合就会即兴演奏新的数值，最终将适合碳基生命的存在。不过，我们的疑惑依旧存在：在生命的形成和宇宙结构的演化背后到底隐藏着什么目的呢？在本章的剩余部分，我会通过一个思想实验来回答这个问题。约翰·柯川和他的曼荼罗将成为这个思想实验的主题。

把复杂简单化

柯川的勤奋是出了名的，有时他练着练着含着送气口就睡着了。他勤奋的动力源自他对宇宙意义孜孜不倦的探索。在晚年时，柯川将自己的乐器作为寻找音乐和宇宙之间的联系的工具，物理学家则利用实验仪器来做相同的事情。例如，柯川探索了无数种以 II-V-I 进行和弦演奏的方法，这在他的专辑《巨人的步伐》中体现得淋漓尽致。和布莱恩·伊诺一样，柯川也借助声音和音乐来揭示关于宇宙的永恒真理。他把音调－时间的二维空间扩展到多维空间，后者包括声音处理，比如多音（同时演奏泛音）和纸片声。

爱因斯坦是柯川最崇拜的人之一。通过开展多学科研究，柯川努力寻找着现代物理学、东方哲学中的轮回、西方的和声与非洲多旋律之间的联系。爱因斯坦在物理学上的发现不仅受到物理学家的影响，也受到其他学科的影响。和爱因斯坦一样，柯川意识到，他必须超越西方经典爵士乐的典型风格，进而构造自己的音乐宇宙，并用音乐来表现宇宙。柯川应该成为科学家的灵感来源。通过自学，柯川从爱因斯坦的相对性原理中受益匪浅，并将其融入了自己的音乐。我们能从柯川的曼荼罗中看到物理学爵士乐的核心：爵士乐音乐家将理论物理学家的方法当作思想实验和战略工具，以进行即兴演奏。

在生命的最后阶段，柯川创作了三张专辑，分别为《恒星区域》《星际空间》《宇宙之声》。他研究了爱因斯坦的广义相对论和宇宙膨胀假说，并从中受到启发，创作了《星际空间》。他敏锐地意识到膨胀是一种反引力。在爵士乐队中，"引力"来自贝斯和鼓。柯川的独奏从《星际空间》中奔腾而出，并不断向远处扩张，最终挣脱了节奏乐器组的引力。柯川认为，宇宙的复杂性会渗入人类的行为，他练习了无数个小时，就为了成为这种宇宙之力与人类之间的纽带。在歌曲《木星》（Jupiter）中，柯川在自己的即兴演奏中从字面意义上沟通着木星卫星的轨道。

我还记得几年前在韦恩·肖特（Wayne Shorter）的75岁生日宴会上，我和柯川的儿子拉维·柯川（Ravi Coltrane）的谈话。我对拉维说，我正在探索他父亲的音乐和爱因斯坦的相对论之间的联系。拉维严肃地看了我一眼，然后说："我父亲痴迷于数学与物理。"是什么让柯川对宇宙有着敏锐的直觉，并沉迷于其中无法自拔呢？

我有幸采访了声名卓著的作曲家、多乐器演奏家大卫·阿姆兰（David Amran），他曾与柯川讨论过后者对爱因斯坦的狭义相对论和广义相对论的兴趣。1956年，他们在纽约西村（West Village）巴罗街上的波希米亚咖啡馆相遇。阿姆兰刚和迪齐·吉莱斯皮（Dizzy Gillespie）谈完，就来到坐在外面吃派的柯川身边。

> 阿姆兰问："过得如何？"我说："一切都好。"接着，他又问我："你对爱因斯坦的相对论怎么看？"我并不认为他对我了解的知识多么感兴趣，我觉得他只是想与我分享他所掌握的知识而已。我脑中一片空白，而他则谈起了太阳系的对称性，后来又谈到空间中的黑洞、星座，乃至太阳系的整体结构，以及爱因斯坦如何把这些复杂性归结为一种非常简单的事

物。然后他告诉我，他正试图在音乐方面做一些类似的事情，寻找一些来源于自然的东西，而这些东西关乎蓝调和爵士乐的传统。然而，对于音乐中什么是自然的，他有一种截然不同的看法。[1]

即使是那些理解了数学的纷杂之处的人，也会很容易就忽视了爱因斯坦的理论的核心：它是一个优美的物理理论，源自一个简单的原理，包含并联系着更复杂的定律。在狭义相对论中，"简单的原理"意味着光速不变性。我们所说的不变性是指一种有着不变量的变换。例如，我可以将自行车轮胎上的一个点旋转或变换到另一个点，而辐条的长度不会改变。对称性和不变量之间有着很深的联系。轮子是旋转对称的，因此，轮子的旋转变换不会改变轮子的形状。相似地，光速的不变性也反映了时空的基本对称性。无论一个观察者在时空中相对于另一个观察者的运动有多么复杂，光速始终被限制为不变量（常数）。

当这个原则体现在数学上时，它很自然地把电场与磁场统一起来。在这些彼此无关的方程中，所有表面上的复杂性都统一到了一组简单的方程中，这组方程反映了光速的不变性。在此展示这组方程是很有必要的。我们来看看麦克斯韦方程组（图 18-1）。

$$\nabla \cdot E = \frac{\rho}{\varepsilon_0}$$
$$\nabla \cdot B = 0$$
$$\nabla \times E = -\frac{\partial B}{\partial t}$$
$$\nabla \times B = \mu_0 J + \mu_0 \varepsilon_0 \frac{\partial E}{\partial t}$$

图 18-1 关于磁场和电场的4个麦克斯韦方程

当我们考虑光速的不变性时，这 4 个方程都可以写成同一个：$\dfrac{\partial F_{\mu\nu}}{\partial x^{\mu}} = J_{\nu}$

在此有必要简单地讨论一下麦克斯韦方程组。正是因为时间与空间在四维时空连续体中的统一，爱因斯坦才得以构造出四维中的一种场。这种场又叫规范势（gauge potential），它描述了光子，以 A_{μ} 表示。在这种四维势场中，我们可以通过求导来定义电场与磁场，也可以定义规范场的四维导数 $d\nu a\mu - d\mu A\nu = F\mu\nu$。

下标 μ 和 ν 表示四维时空的方向，也就是 $\mu = (t, x, y, z)$，由此我们可以定义四维导数 $d_{\nu} = (\dfrac{\mathrm{d}}{\mathrm{d}t}, \dfrac{\mathrm{d}}{\mathrm{d}x}, \dfrac{\mathrm{d}}{\mathrm{d}y}, \dfrac{\mathrm{d}}{\mathrm{d}z})$。

方程 $\dfrac{\partial F_{\mu\nu}}{\partial x^{\mu}} = J_{\nu}$ 的左边包含了电场与磁场的信息，但它们都被分组到了一个单一的事物 $F_{\mu\nu}$ 里，$F_{\mu\nu}$ 即场强张量（field strength tensor）。右边的 J_{ν} 又叫 4- 电流，它与普通麦克斯韦方程组里的三维电流类似。因此，这个方程表示，四维场强张量是以四维电流为源的。这些四维事物的三维投影产生了不同的三维麦克斯韦方程。在三维中，光速的不变性并不是显而易见的，麦克斯韦方程只是光速不变性非常明显的四维事物的片段（影子）。这就像一个直立的自行车轮胎投在地面上的影子，它看上去像一条线——圆周对称性不再明显。柯川意识到了这一点！从他与阿姆兰的对话来看，我相信他把这一点应用到了自己的音乐中。接下来，我会为此提供一些证据。

爱因斯坦对对称性的应用约束了时空中的场的相互作用。例如，在电磁场中，只有约束在四维光锥上运动的四维场才能相互作用，详见图 18-2。为了更直观地理解这一点，我们可以想象自己被约束在一个半径为 r 的球体的表面。如果我们用坐标 (x, y, z) 表示球面上的一个点，那么只有满足

$x^2+y^2+z^2=r^2$ 的值是被允许的，而不是 x、y 和 z 取任意值都可以。我们可以假设场的相互作用满足类似的四维方程，它们将场约束在四维光锥上。其他不在光锥上的相互作用都不被允许。

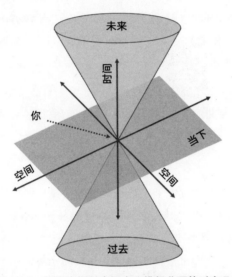

图18-2 闵可夫斯基空间中四维超曲面的时空几何

注：点在锥面上的变换使得光速恒定，或者说不变。

爱因斯坦对时空对称的应用还有一个作用，即规定曾经被认为彼此不相关的现象之间的联系。在此之前，相对性、时间和空间被太过简单地联系在一起，电场和磁场的情形与此类似。粒子可以随时间改变位置，但相对性把特定的空间长度和时间长度联系在一起，它们由观测者本身的运动决定。对静止的观测者来说看上去像电场的场，对运动中的观测者而言也许像磁场。

我认为柯川把这些相对性的理念应用到了音乐上。我和尤瑟夫·拉蒂夫讨论过柯川的曼荼罗中暗藏的启示，这些启示给了我们线索。和爱因斯坦的光锥一样，柯川的曼荼罗是一种几何结构，统一了他在演奏曲目中使用的一些关键音阶与和声装置之间的关系。鉴于音乐练习是柯川音乐才能的核心，他的曼荼罗就相当于一种几何装置，揭示了音乐宇宙中的多种模式。当我意识到这一点时，我便开始以曼荼罗为工具，在曼荼罗模式的指导下构建音阶之间的联系。

在狭义相对论中，光速不变的事实会使其他的量发生"扭曲"，以保证在不同的参考系下光速的不变性。例如，对一列静止的火车来说，相对于静止的观测者，它在运动中的观测者眼中的长度会缩短。

类似地，如果我们在两个调上演奏相同的音符，那么这些音符听起来就会不同。它们不仅听起来不同，实际上在新的音阶中也占据了不同的位置。在 C 调上演奏 A-B-C 听起来像六度音阶、七度音阶和八度音阶，终止于分解的主音。如果在 B 调上演奏一组相同的音符，那么它们就会从七度音阶开始，经过主音，终止于高于主音小二度的音。它们与自己被演奏的调上的固定点（八度和五度）之间的联系完全不同。这些音符就像一列火车的长度，是单一固定的事物（音符 A 或者音符 B），但在给定的调上被演奏时，它们就会根据主音的固定值以及调之间的间隔发生变化、扭曲。柯川的曼荼罗就体现了这种观点，但它更优美，其中的五度音阶、三全音和四度音阶之间的联系是固定的结构，这些结构像一个基点，把相对音阶彼此之间联系起来。

乍看上去，柯川的曼荼罗令人望而却步。为了找出它的基础结构，我们将它简化为一个描述不变性的框架。与狭义相对论类似，当我们得到了这个不变结构之后，我们就可以从被不变性决定的相互作用中生成动力学中的复杂性。我们首先要确定不变性，或者说让我们忽略了音符本身的几何图形。我们立刻就会看到一块表，每个小时由一组 3 个音符表示。例如，在 12 点，我们看到一组 3 个音符（B、C、升 C）作为 1 号。如果我们将每一个组标记为一个点，那么这一组 3 个音符可以进一步简化。由此我们得到只显示 12 个小时的表盘，它简化为了西方音阶中的十二音循环。柯川的曼荼罗中还有一个古怪的地方，即柯川把 5 个重复的音符 C 与一颗五角星连了起来。我们得到的是以下意义上的循环几何图形：如果你数数这些音符，会发现 60 个周期性重复的音符。在这个周期中，12 个音符会在 60 音循环中生成 5 个音符 C——这正是曼荼罗中的星星。因此，柯川的曼荼罗是一种循环中的循环（图 18-3）。

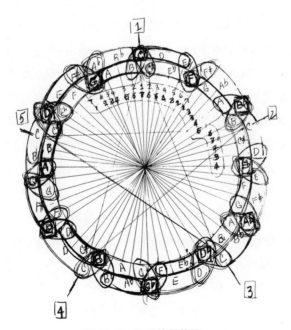

图 18-3　柯川的曼荼罗

注：它揭示了 60 音循环中的五音循环的几何图形。图片提供者：拉蒂夫。

当确定了五角星上所有的音符 C 后，我们就得到了西方音乐中的十二音体系。然而，当我们把曼荼罗中的 5 个音符 C 看成 1 个时，信息就丢失了。此处的"信息"指的是几何图形，或者是 60 音循环中的五边形。如果试着在十二音体系中保留这栋"五角大楼"，我们就会得到一个非常有趣的音阶——五声音阶。基于柯川和阿姆兰的对话，有人也许会猜测，他"正试图在音乐方面做一些类似的事情，寻找一些来自自然的东西，而这些东西关乎蓝调和爵士乐的传统"。实际上，世界各地的文化中都存在着五声音阶，甚至可以追溯到 2 500 年前的中国和希腊。在格列高利圣咏①、黑人灵歌（如《无人知道我的忧愁》[*Nobody Knows the Trouble I've Seen*]）、苏格兰音乐（如《友谊地久天长》[*Auld Lang Syne*]）、印度音乐、爵士乐标准曲（如《我找到了节奏》[*I Got Rhythm*]、《可爱的乔治亚·布朗》[*Sweet Georgia Brown*]）和摇滚乐（如《天国的阶梯》[*Stairway to Heaven*]）中，这种音阶广泛存在。柯川一直寻找的正是音乐中普遍存在的东西，而他的初衷是确定音乐的哪个方面在人类文明中是普遍存在的。他还说，他想要找到来自自然的音乐。五声音阶可以由 5 个纯五度构成。纯五度是傅立叶级数的二次谐波，它是自然生成的，所以满足了柯川所说的"寻找一些来自自然的东西"。

创造一个结构，它终将理解宇宙自身

然而，最具说服力的证据来自柯川最著名的两首曲子——《至高无上的爱》和《星际空间》，二者都是基于五声音阶（图 18-4）。我的朋友斯泰西·迪拉德（Stacy Dillard）是纽约著名的次中音萨克斯手，他认为五声音阶是爵士乐即兴演奏的纲要。换句话说，与爱因斯坦的不变性理念一样，五声音阶

① 格列高利圣咏是西方教会单声圣歌的主要传统，是一种单声部、无伴奏的罗马天主教宗教音乐。——译者注

是爵士乐即兴演奏的复杂性得以展现的基石。这并不意味着五声音阶是唯一的基石，不过它引出了一个问题：这种相对简单的音阶为何具有如此巨大的音乐潜力？

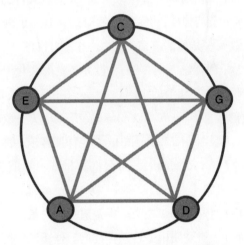

图 18-4　C 大调五声音阶的五边形对称性

柯川的曼荼罗还包含其他由循环几何得来的美丽关系，并与阿诺尔德·勋伯格（Arnold Schoenberg）和奥利维埃·梅西安（Olivier Messiaen）形成共鸣，他们也把集合论的理念应用于作曲中。在爵士乐即兴演奏中，三全音替代是一种非常重要的方法。这实际上意味着，在和弦与和弦之间的旅程中，我们可以用一个更简单的和弦来替代后面的和弦。我们已经知道，II-V-I 进行是爵士乐与西方古典音乐中最普遍的进行之一。三全音只不过是12-调周期中的反射对称（图 18-5）。所以在 C 调中，V 是 G-属和弦，其对 G 的镜像 / 三全音是 D-降属音。因此，当我们从 G 属音转到 C 时，我们可以用 D-降属音来代替 G 属音。这非常好，因为 D-降属音离 II（也就是 D）只有半步。柯川的 60 音循环曼荼罗也包含这种具有三全音的反射对称性。

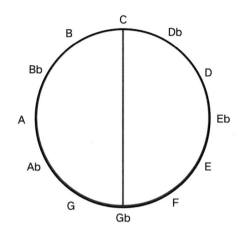

图 18-5　某个音符关于其三全音的镜像反射

注：例如，C 的三全音是 F#，F# 的三全音是 C。

圆上的三音符组出乎意料地产生了神秘的全间隔四度音阶。例如，就数字 1 所在的位置，我们从音符 C 开始，并且追循圆上接下来的 4 个音符，我们会得到 C、C#、E、F 和 F#，这就是一个全间隔四度音阶。澳大利亚钢琴家肖恩·韦兰（Sean Wayland）认为，全间隔四度音阶可以作为一种演奏《巨人的步伐》中和弦变换的手段。不止如此。注意，柯川勾勒出了一个正方形，其中包含三音符组。这些音符正好是五音循环，后者生成了五声音阶。最终，柯川概括出了一个最常用的对称音阶——全音音阶，它的音符占据了内环与外环。因此，曼荼罗是柯川创造的一幅令人惊叹的几何作品，它将这些普遍存在的重要音阶联系在了一起，就像时空变换把长度收缩与时间膨胀、电场与磁场联系在一起一样。

《宇宙的结构》这本书不仅涉及音乐与宇宙学之间的类比，也讨论了音乐和即兴思维在物理学研究中的重要性。理论物理学家举例证明了柯川的音乐之道。我们使用各种数学工具与概念工具，并通过大师（如爱因斯坦和理查德·费曼）提出的实例来进行练习。类似地，像柯川这样的爵士音乐家则通过无数个小时的练习来掌握经典。然而，无论是对爵士音乐家还是理论物理学家来说，仅仅掌握已有的知识是远远不够的，还要进行创新。

人类是唯一能发现高等数学的生物，是唯一能创造并规范音乐的生物。如果宇宙中的美和物理学与音乐中的美和物理学是相互联系的，那么这种联系只存在于人类的大脑中。里克·格兰杰（Rick Granger）、捷尔吉·布扎基（György Buzsáki）和安妮·帕特尔（Ani Patel）等神经科学家仍在努力研究大脑是如何感知、学习、记忆、计划和预言的。然而，老鼠、狗和熊也能做这些事情。那么，是什么让人类的大脑与众不同呢？是什么让我们的大脑能完成非人类的大脑所不能做的事情，比如欣赏音乐、理解数学，以及创造新的事物——作曲、即兴演奏、发现关于宇宙的新的数学事实？

少数像柯川这样的音乐家具有与生俱来的即兴演奏能力，能发现和声里隐藏的模式和规律，并利用这些发现来创造全新的旋律序列。而少数像爱因斯坦这样的科学家则能发现一些新的规律，这些规律逃过了其他伟大科学家的法眼，比如把麦克斯韦方程组简化为一个统一的方程。

也许我们天生就有着和爱因斯坦一样的数学能力，以及和柯川一样的即兴演奏天赋，也许他们的独特之处就在于能把这些天赋推进到远超常人的地步。当神经科学家找到了感知与思维的基础，也许下一步就是去研究大脑的共性和差异，以及柯川和爱因斯坦的洞见与发现来自他们大脑中的哪一部分——也许这需要新的物理学。现在，一些关于大脑的研究正在破解这些难题：当我们感知到音乐的复杂时，我们的大脑中发生了什么？人类的大脑如何以不同于其他动物的方式来处理我们周围的环境，并给我们带来了数学、音乐即兴演奏和语言？

套用《动物农场》（*Animal Farm*）中那头声名狼藉的猪的说法，显然有些人的大脑比其他人的更独特。爱因斯坦和柯川向我们展示了一些其他人没能发现的事物。无论在狭义层面还是在广义层面，当我们开始了解我们的大脑时，也许神经科学就将向我们展示音乐与物理之间的联系，以及我们人类这种独一无二的物理存在是如何寻获并理解这些联系的。

要想找到这些问题的答案，也许我们需要在物理学、艺术和神经科学的连接点上取得根本性进展。通过探究物理学和音乐是如何在人类的大脑中同时出现的，我们或许能揭示出音乐形式与物理形式之间的深层联系。毕竟，无论人类的大脑有多神秘，它都是宇宙中最复杂的结构。

莱布尼茨是微积分的发现者之一，他认为宇宙中的可约元素（单子）或许包含着宇宙的本质。源自并遵循物理定律的人类大脑是如何反过来理解物理定律的？至今这仍是一个谜。如果如我所说，宇宙的基本功能之一是即兴创作它的结构，那么当柯川即兴演奏时，他所做的事情和宇宙所做的事情就是相同的，即创造一个结构，它终将理解宇宙本身。

 后 记

在任何科学发现的背后都有着形形色色的人，与他们精彩纷呈的故事。于我而言，我即兴发挥、不拘一格的道路是由我的物理学和音乐导师们带领的。在过去的30年里，我很荣幸能在吉姆·盖茨的教导下，学习理论物理的秘密。在1969年时还是一个又高又瘦的年轻人的他，穿着喇叭裤、留着一头非洲式的发型走进了麻省理工学院那条"恶名在外"的无限长廊，开始了他成为一位物理学家和宇航员的梦想。那时，年轻的吉姆·盖茨还没有与殁于"挑战者号"航天飞机事故的宇航员罗纳德·麦克奈尔（Ronald McNair）成为朋友。在那个开创性的时代里，麻省理工学院物理系招收了一批黑人学生，包括雪莉·杰克逊（Shirley Jackson）与罗纳德·麦克奈尔，而这仅在约翰·肯尼迪总统要求立法"赋予所有美国人使

用一切向公众开放场所的权利——包括酒店、饭店、剧院、零售店，以及其他类似的场所"，以及"对投票权更大力度的保护"。这些物理学家中的先驱为我们这一代科学家的蓬勃发展铺平了道路。

此后，吉姆继续他在麻省理工学院的学习生涯，并最终拿到了物理学博士的学位。他的学位论文是麻省理工学院第一篇关于超对称性的学位论文，之后这篇论文成了一本大部头的教科书，即《超对称的一千零一课》（*A Thousand and One Lessons in Supersymmetry*）。之后，他拿到了哈佛大学的教职，与迈克尔·佩斯金（正好是我的博士后导师）、爱德华·威腾和沃伦·西格尔（Warren Siegel）共享一间办公室。他们是这个领域中最优秀的代表人物。在那些年中，吉姆与我主要谈论物理学。当我在写这本书的时候，我与吉姆聊到他在哈佛大学度过的那段时光。他说，他与那时的办公室室友成了朋友，并且一直保持同事关系直到今天。然而，那时他被同事们的光芒所掩盖。

图 19-1　左图：吉姆的学生时代。右图：吉姆与霍金合影

1977 年，吉姆在哈佛大学工作期间收到了一封意料之外的来自阿卜杜勒·萨拉姆的信，后者彼时由于发现弱力与电磁力之间的统一而刚获得诺贝尔奖不久。萨拉姆是吉姆一代理论物理学家眼中的传奇人物，所以想想大家听到萨拉姆邀请吉姆访问自己团队时的反应吧！当时，萨拉姆正在从事超引力方向的研究，而吉姆是该领域的年轻先行者之一，所以他邀请吉姆加入自己的研讨会。在获得诺贝尔奖之后，萨拉姆建立了国际理论物理中心（ICTP），其任务旨在"发展高水平的科学项目，牢记发展中国家的需求，为各国科学家提供一个用于学术交流的国际论坛"。在这个论坛上，吉姆在自己的职业生涯中首次遇到了来自非洲、欧洲和中东各国以及中国等世界各地的物理学家。他意识到，物理学确实是一桩全球性的事业，而不仅限于欧美——这是主流媒体中常见的误导。

在研讨会结束后，萨拉姆与吉姆共进午餐时，吉姆的脑海中满是点子与问题想要与这位行业领袖分享。这时，萨拉姆蓦然对吉姆说："总会有一天，人们会像做爵士乐一样来进行物理学研究。"

这是对这种即兴发挥、包容、文化与智力贡献的称为"爵士乐"的音乐多么高的称赞与认可啊！萨拉姆的言论体现出，一位创造了一种像爵士乐一样动感十足、隐喻丰富的音乐文化的天才是如何促进物理学的发展的！学习如何演奏我们称为爵士乐的音乐是一个终生过程。在其有据可查存在的近百年中，这种音乐已发展成一个同时具有智力和艺术要求的系统。例如，比波普爵士乐 99.9% 是由诸如查理·帕克、迪齐·吉莱斯皮、巴德·鲍威尔、马克斯·罗奇（Max Roach）和瑟隆尼斯·孟克（Thelonious Monk）等伟大之人（仅举此几例）在音乐学院之外发展起来的。在这些艺术家生活的年代，种族歧视还是"事实上的法律"，私刑还在不时被动用。所以，这些音乐为什么可以如此伟大，以至于它后来被称为"美国古典音乐"，很可能是美国产生的最有代表性的艺术形式之一？在经典的《英雄与蓝调》(*The Hero and the Blues*) 中，温顿·马萨利斯的导师之一艾伯特·默里 (Albert Murray) 指出，爵士传统的伟大背后是"对抗性合作"。在当时明尼苏达大学即将出版的《默里谈音乐》一书中，默里在与马萨利斯的对话中如此说：

> 让我们从拙作《英雄与蓝调》中借来另一个概念，即"对抗性合作"。在某种意义上，这个词汇自相矛盾，但它总归是一种非常实用的记忆方法。如果你没有足够多的反对意见，那么你就无法向前发展。若想成为一位伟大的冠军，你必须有着同样出色的竞争对手。若想成为一位伟大的屠龙英雄，你要先有龙可屠。

然而，即便存在着剧烈的竞争来促进大家的成长，爵士乐音乐家们也怀有包容心——任何人都可以走上舞台展现自我。如果你表现出色，那么下次就还会收到邀约。这一传统也是非常包容的。我曾是最不熟练的乐手，但依然受邀与威尔·卡洪 (Will Calhoun)、马克·卡里 (Marc Cary) 与约翰·贝尼特斯 (John Benitez) 等伟大乐手同台演出（他们都是格莱美奖获得者）。即使我的独奏不是最精雕细琢的，但有时也会妙手偶得一些有趣的，甚至怪异的片段，威尔都会注意到这些想法，并有时会将其结合到另一首歌中。

因此，当我听到萨拉姆的愿景，即会有一天，物理学可能看上去会像爵士乐一样，我是这样解读的：如果有一天，当物理学共同体像爵士乐共同体一样，能够抛弃自身信条、兼容并包来自所有人的贡献时，它将会达到新的高度，以及让我们能够解决曾经认为不可能解决的问题。我将爵士乐与物理学调和的路就是一个活生生的例子，展示了一小群物理学家是如何本着爵士乐传统的精神包容我，并让我与他们一同即兴创作物理学，并同时推动着我超越自己的极限。

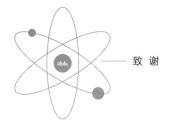 —————— 致 谢

特别感谢我的编辑 T. J. Kelleher 与 Lara Heimert。感谢 Basic Books 与 Perseus 的全体工作人员：Helene Barthelemy、Sandra Beris、Cassie Nelson、Liz Tzetzo，是你们将这本书的出版付诸现实。永远感谢 Dagny Kimberly Yousuf 协助我将最初的手稿整理成形，以及从写作之初便不断赋予我灵感与支持。感谢 Max Brockman 与 Brockman 公司的员工，是你们促成了本书的付梓。

我还要感谢我的朋友、家庭成员以及同事，是你们为我提供了大量的灵感、反馈、创意以及鼓励：Rome Alexander、Steven Beckerman、Robert Caldwell、Will Calhoun、Steve Canon、Michael Casey、KC Cole、Ornette Coleman、Diego Cortez、François

Dorias、Brian Eno、Everard Findlay、Edward Frenkel、Indradeep Ghosh、Melvin Gibbs、Marcelo Gleiser、Rebecca Goldstein、Mark Gould、Rick Granger、Daniel Grin、Sam Heydt、Chris Hull、Chris Isham、Beth Jacobs、Clifford Johnson、Brian Keating、Jaron Lanier、Yusef Lateef、Harry Lennix、Arto Lindsa、Joao Magueijo、Brandon Ogbunu、Steve Pinker、Sanjaye Ramgoolam、Erin Rioux、Tristan Smith、Lee Smolin、David Spergel、Greg Tate、Greg Thomas、Spencer Topel、Gary Weber。最后，还要感谢 Salvador Almagro-Moreno 为本书制作的图表。

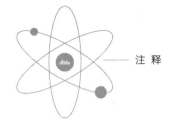 注 释

前言　以爵士之眼，透视物理学之奥秘

1. Yusef Lateef, *Repository of Scales and Melodic Patterns* (Amherst, MA:Fana Music, 1981).

2. Yusef Lateef, *The Gentle Giant: The Autobiography of Yusef Lateef*, with Herb Boyd (Irvington, NJ: Morton Books, 2006).

第一部分　当物理学与音乐相遇

01　巨人的步伐

1. 有一种观点认为，鸟类的叫声如音乐一般也是为了听起来悦耳。

2. 有些作者把音乐的"维数"扩大了。我向读者推荐一本美妙的书：*This Is Your Brain on Music: The Science of a Human Obsession*, by Daniel J. Levitin（New York: Plume, 2007），其中包含了对音乐知觉 12 个维度的完整介绍。

3. 根据分形几何的先驱之一贝努瓦·曼德尔布罗特（Benoit Mandelbrot）的说法，"巧妙地组合在一起，这种组合应该是和谐的，就像海岸线那样"。有趣的是，在著作《分形学：形态、概率和维度》（*Fractals:Form, Chance, and Dimension*［San Francisco: W. H.Freeman, 1977］）中，曼德尔布罗特声称，星系自组织为分形结构。不久之后，天体物理学家卢恰诺·彼得罗内罗（Luciano Pietronero）就发现星系系统确实具有分形结构，虽然这种说法还存在争议。

4. Malcolm Brown, "J. S. Bach + Fractals = New Music," science section, *New York Times*, April 16,1991.

5. Charles W. Misner, Kips S. Thorne, and John Archibald Wheeler, *Gravitation* (San Francisco: W. H. Freeman, 1973).

02 寻梦物理学，无所畏惧地向最难的问题发起进攻

1. 这个模型也叫海森堡 XXX 模型，感谢爱德华·弗伦克尔（Edward Frenkel）指出这个问题。

2. 磁性材料具有滞后曲线，也即磁铁对外加磁场磁性的"记忆"。

03 通向宇宙结构的所有河流

1. 在爵士乐中，当独奏者即兴演奏时，歌曲的某一部分往往会不断重复。在这部分结束之前，会有一段和声运动（转场），以使这首歌曲回到开头阶段。

2. 与玛格丽特·盖勒的私人通信，2015 年 10 月。

3. Margaret J. Geller and John P. Huchra, "Mapping the Universe," *Science* 246, no. 4932 (November 17, 1989): 897–903, doi:10.1126/science.246. 4932.897, PMID 17812575, retrieved May 3, 2011.

4. 稍后，我们将讲到弦理论会解决这种无穷大问题。

第二部分　音乐与那些科学家的故事

04 弦论，审视美丽宇宙之声

1. Michio Kaku, "The Universe Is a Symphony of Strings," Big Think, http://bigthink.com/dr-kakus-universe/the-universe-is-a-symphony-of-vibrating-strings, accessed November 28, 2015.

2. 在物理学领域，尤其是在量子力学领域，有很多关于理论如何产生的阐释问题。有些物理学家认为不必进行主观解释，只要计算结果就可以了，因此才有了"闭上嘴，动笔算"一说。有人认为这个说法是保罗·狄拉克和理查德·费曼发明的，也有人认为是固体物理学家戴维·默明（David Mermin）提出的。

3. Steven Weinberg, *Dreams of a Final Theory: The Scientist's Search for the Ultimate Laws of Nature* (New York: Pantheon, 1993), 130. 狄拉克以对美的追求而著称，他后来意识到，当爱因斯坦的假设被纳入描述电子运动的方程时，一种隐藏的对称性就出现了。把正号变成负号在物理学上相当于改变电子的电荷。出乎他意料的是，这个结果在物理上与量子力学是相容的，这意味着一个先前未知的粒子的存在。一年后，这种与电子电荷相同、电性相反的反电子（正电子）被发现，狄拉克因此获得了诺贝尔奖。

4. 在第 11 章中，我们将通过音乐理论中的理念来讨论对称性自发破缺的概念和数学理念。

5. David Demsey, "Chromatic Third Relations in the Music of John Coltrane," *Annual Review of Jazz Studies* 5 (1991): 145–180; Demsey, "Earthly Origins of Coltrane's Thirds Cycles," *Downbeat* 62, no. 7 (1995): 63.

05 毕达哥拉斯之梦

1. Marcelo Gleiser, *The Dancing Universe: From Creation Myths to the Big Bang* (Lebanon, NH: University Press of New England, 1997).

2. Jamie James, *The Music of the Spheres* (New York: Grove Press, 1933), 64: "Musica instrumentalis is harmonious because it reflects the perfection of the cosmos in the world of ideal forms; an octave sounds harmonious to human ears because the rhythms of the music are in concord with our own internal rhythms . . . the musica humana."

3. Gleiser, *The Dancing Universe*.

4. Willie Ruff and John Rodgers, *The Harmony of the World: A Realization for the Ear of Johannes Kepler's Astronomical Data from Harmonices Mundi 1619*, Kepler Label, August 3, 2011, compact disc.

5. Johannes Kepler, *The Secret of the Universe: Mysterium Cosmographicum*, trans. A. M. Duncan (New York: Abaris Books, 1981).

06 伊诺，音乐宇宙学家

1. "Generative Music: Evolving Metaphors, in My Opinion, Is What Artists Do," a talk Brian Eno delivered in San Francisco, June 8, 1996.

07 在爵士乐中，打破物理学的界限

1. AAJ Staff,"A Fireside Chat with Marc Ribot," *All About Jazz*, February 21,2004.

2. www.allaboutjazz.com/a-fireside-chat-with-marc-ribot-marc-ribot-by-aaj-staff.php,accessed November 28, 2015.

08 无处不在的振动

1. 这里有个小技巧，sin（t）的二阶导数是 -sin（t）。

2. Larry Hardesty, "The Faster-Than-Fast Fourier Transform," Phys. Org,January 18, 2012, http://phys.org/news/2012-01-faster-than-fast-fourier.html, accessed November 28, 2015.

3. 余弦函数可以由正弦波变换而来，它与正弦波一样基本。从技术上说，它也会在这里出现，只不过它是正弦函数的导数，所以简化后的方程满足了我们的目的。

第三部分　宇宙本身是否就是一件乐器

09 野心勃勃的物理学家们

1. P. W. Anderson, "More Is Different," *Science* 177, no. 4047 (1972):393–396.

11 会发声的黑洞

1. "Interpreting the 'Song' of a Distant Black Hole," Goddard Space Flight Center, NASA, November 17, 2003, www.nasa.gov/centers/goddard/universe/black_hole_sound.html, accessed November 28, 2015.

12 声音与静默，宇宙结构的和谐旋律

1. 拉希德·苏尼亚耶夫（Rashid Sunyaev）与雅可夫·泽尔多维奇（Yakov Zel'dovich）同时也得出了这个结论。

2. 也有例外，比如即便这种基音在物理声谱中是缺失的，我们仍可以感受到其音高。

3. John Cage, "Forerunners of Modern Music," in *Silence: Lectures and Writings* (Middletown, CT: Wesleyan University Press, 1961), 62.

13 马克·特纳的量子头脑之旅

1. Devin Leonard, "Mark Coltrane Escapes the Shadow of John Coltrane," *Observer*, June 26, 2009.

2. Roger Highfield and Paul Carter, *The Private Lives of Albert Einstein* (New York: St. Martin's Griffin, 1995).

14 费曼的爵士风

1. www.azquotes.com/author/9502-Wynton_Marsalis/tag/jazz, accessed November 18, 2015.

2. Gunther Schuller, "Sonny Rollins and the Challenge of Thematic Improvisation," *The Jazz Review*, November 1958.

3. Jonah, "The Graphene Electro-Optic Modulator," *The Physics Mill*, May 25, 2014.

15 宇宙的共振

1. Rhiannon Gwyn et al., "Magnetic Fields from Heterotic Cosmic Strings," *Physics in Canada* 64, no. 3 (Summer 2008): 132-133. 我和合作者在一篇论文中提出，研究原始磁场起源的方法有可能来自杂化弦理论。杂化弦可以像导线一样载有电荷、生成磁场。如果早期宇宙中充满了由这种杂化的"宇宙弦"构成的匀质网络，那么就可以产生适当数量的原始星系磁场。

第四部分　我们的音乐宇宙

16 噪声之美

1. Allan Kozinn, "John Cage, 79, a Minimalist Enchanted with Sound, Dies," *New York Times*, August 13, 1992.

2. 零自旋暴胀场由标量函数描述，比如 $F(x)$。自旋为 1 的场（如电磁场）由矢量函数描述。矢量函数中矢量的指标提供了有关场极化的信息。

3. 在量子场论中，场通常会发生自相互作用。这往往关系着场从一个粒子中创造多个粒子的能力。自相互作用也描述了量子场中所储藏的势能。

17 音乐宇宙

1. 对于在弦理论中实现乔奥·马古悠的机制，我和希腊弦理论学家伊莱亚斯·科瑞兹斯（Elias Kiritsis）各自找到了更好的方法，但都要依靠D-膜。黑洞也可以存在于五维宇宙中。银河系的中心是人马座 A*（Sagittarius A-star），它由一个超大质量的黑洞以及围绕其旋转的恒星构成。假定一个 D-3 膜宇宙正在围绕一个五维黑洞旋转，我和科瑞兹斯发现，膜宇宙中的光速将随着它与黑洞之间距离的变化而改变。

2. Nima Arkani-Hamed et al., "Ghost Condensation and a Consistent Infrared Modification of Gravity," *Journal of High Energy Physics* 405 (2004): 74.

3. 如果宇宙的体积变得更大，那么熵也会变大，这意味着一个更长的周期。

18 星际空间

1. Ben Ratliff, *Coltrane: The Story of a Sound* (New York: Farrar, Straus and Giroux, 2007).

未来，属于终身学习者

我这辈子遇到的聪明人（来自各行各业的聪明人）没有不每天阅读的——没有，一个都没有。巴菲特读书之多，我读书之多，可能会让你感到吃惊。孩子们都笑话我。他们觉得我是一本长了两条腿的书。

——查理·芒格

互联网改变了信息连接的方式；指数型技术在迅速颠覆着现有的商业世界；人工智能已经开始抢占人类的工作岗位……

未来，到底需要什么样的人才？

改变命运唯一的策略是你要变成终身学习者。未来世界将不再需要单一的技能型人才，而是需要具备完善的知识结构、极强逻辑思考力和高感知力的复合型人才。优秀的人往往通过阅读建立足够强大的抽象思维能力，获得异于众人的思考和整合能力。未来，将属于终身学习者！而阅读必定和终身学习形影不离。

很多人读书，追求的是干货，寻求的是立刻行之有效的解决方案。其实这是一种留在舒适区的阅读方法。在这个充满不确定性的年代，答案不会简单地出现在书里，因为生活根本就没有标准确切的答案，你也不能期望过去的经验能解决未来的问题。

湛庐阅读App：与最聪明的人共同进化

有人常常把成本支出的焦点放在书价上，把读完一本书当作阅读的终结。其实不然。

时间是读者付出的最大阅读成本
怎么读是读者面临的最大阅读障碍
"读书破万卷"不仅仅在"万"，更重要的是在"破"！

现在，我们构建了全新的"湛庐阅读"App。它将成为你"破万卷"的新居所。在这里：

- 不用考虑读什么，你可以便捷找到纸书、有声书和各种声音产品；
- 你可以学会怎么读，你将发现集泛读、通读、精读于一体的阅读解决方案；
- 你会与作者、译者、专家、推荐人和阅读教练相遇，他们是优质思想的发源地；
- 你会与优秀的读者和终身学习者为伍，他们对阅读和学习有着持久的热情和源源不绝的内驱力。

从单一到复合，从知道到精通，从理解到创造，湛庐希望建立一个"与最聪明的人共同进化"的社区，成为人类先进思想交汇的聚集地，与你共同迎接未来。

与此同时，我们希望能够重新定义你的学习场景，让你随时随地收获有内容、有价值的思想，通过阅读实现终身学习。这是我们的使命和价值。

湛庐阅读App玩转指南

湛庐阅读App结构图：

12+图书订阅服务
纸质书
有声书
电子书

读什么

湛庐阅读App

怎么读

泛读：一书一课
通读：通识课
精读：精读班

优秀的读者和终身学习者

与谁共读

跟谁读

作者、译者、专家、推荐人和阅读教练

三步玩转湛庐阅读App：

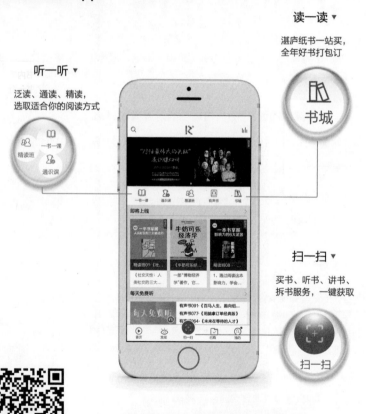

读一读 ▼

湛庐纸书一站买，
全年好书打包订

书城

听一听 ▼

泛读、通读、精读，
选取适合你的阅读方式

精读班　一书一课

通识课

扫一扫 ▼

买书、听书、讲书、
拆书服务，一键获取

扫一扫

App获取方式：
安卓用户前往各大应用市场、苹果用户前往 App Store
直接下载"湛庐阅读"App，与最聪明的人共同进化！

使用App扫一扫功能，
遇见书里书外更大的世界！

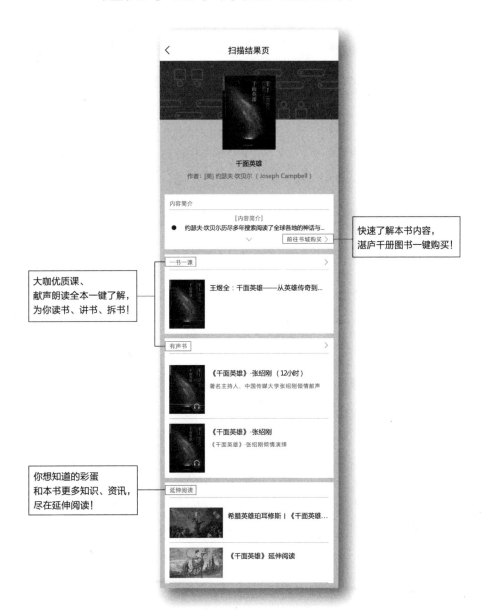

快速了解本书内容，
湛庐千册图书一键购买！

大咖优质课、
献声朗读全本一键了解，
为你读书、讲书、拆书！

你想知道的彩蛋
和本书更多知识、资讯，
尽在延伸阅读！

延伸阅读

《星际穿越》

◎ 诺贝尔物理学奖得主、天体物理学巨擘、同名电影幕后唯一科学顾问基普·索恩巨献，媲美《时间简史》，国家最高图书奖文津奖获奖图书。

◎ 基普·索恩教授写给所有人的天文学通识读本，用通俗易懂的优美语言、妙趣横生的电影拍摄故事，揭示电影幕后的科学事实、有根据的推测和猜想，解开黑洞、虫洞、星际旅行等一切奇景的奥妙。

《穿越平行宇宙》

◎ MIT物理系终身教授，平行宇宙理论世界级研究权威迈克斯·泰格马克近30年科学追索，一部让你脑洞大开的宇宙学之作！关于平行宇宙的所有脑洞，这一本就够了！

◎ 一场关于现代宇宙学的盛大巡礼。跟随平行宇宙的超级英雄泰格马克教授穿越平行世界，共同找寻宇宙的本质，一探物理学前沿和哲学边界上那些令人叹为观止的奇景！

《如果，哥白尼错了》

◎ 著名天体生物学家凯莱布·沙夫重磅新作！作者用诗一般的语言和奇特的想象，带领我们进行一场科学探险，寻找人类在宇宙中的未来和意义。

◎《星期日泰晤士报》年度最佳科学图书，《出版商周刊》年度十大科学图书，爱德华·威尔逊科学写作奖获奖图书。

《最伟大的智力冒险》

◎ 著名理论物理学家、宇宙学家，引力波领域研究专家劳伦斯·M.克劳斯重磅新作！

◎ 在本书讲述的伟大故事里，世界各地的科学家们竭尽所有的创造力、智力与勇气，一起探索我们无法感知的真实世界。情节起伏，千回百转，带领读者穿越了人类历史及科学发展史，激发出无穷的想象力。

◎ 史蒂芬·平克、理查德·道金斯、马丁·里斯、布莱恩·格林等学界大咖联袂推荐。

河南省版权登记号：图字 2020–A–0040 号

图书在版编目（CIP）数据

宇宙的结构 /（特多）斯蒂芬·亚历山大著；符玥
译 . -- 郑州：河南科学技术出版社，2020.6
ISBN 978-7-5349-9974-1

Ⅰ.①宇… Ⅱ.①斯… ②符… Ⅲ.①宇宙—普及读
物 Ⅳ.①P159-49

中国版本图书馆 CIP 数据核字（2020）第 072004 号

上架指导：科普读物

出版发行：河南科学技术出版社
　　　　　地址：郑州市郑东新区祥盛街 27 号　　邮编：450016
　　　　　电话：（0371）65788613　　　65788629
　　　　　网址：www.hnstp.cn
策划编辑：孙　珺
责任编辑：孙　珺
责任校对：路　慧
封面设计：ablackcover.com
责任印制：朱　飞
印　　刷：天津中印联印务有限公司
经　　销：全国新华书店
开　　本：787mm ×1092mm　1/16　　印张：18　　字数：247 千字
版　　次：2020 年 6 月第 1 版　　2020 年 6 月第 1 次印刷
定　　价：99.90 元

如发现印、装质量问题，影响阅读，请与湛庐文化联系并调换。电话：010-56676359